渡部潤一
Watanabe Junichi

星空の散歩道

惑星の小《こ》径《みち》編

教育評論社

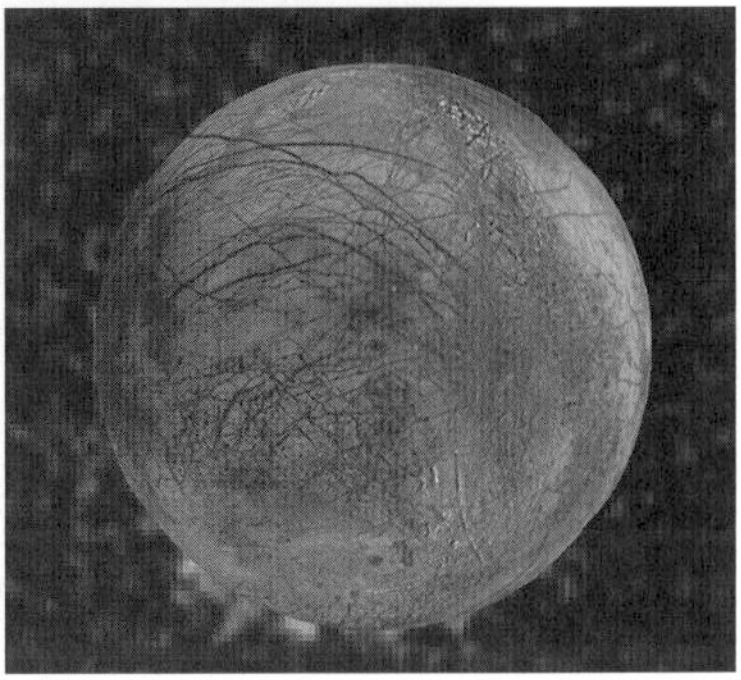

上:ダイヤモンドリング
(福島英雄・宮地晃平・片山真人各氏撮影、国立天文台提供)
左下:冥王星には白いハートマークの地形が目立つ
(@NASA/Johns Hopkins University Applied Physics Laboratory/Southwest Research Istitute)
右下:木星の衛星エウロパ
(NASA/ESA/W. Sparks (STScI)/USGS Astrogeology Science Center)

上:すばる望遠鏡の上空を通過する国際宇宙ステーション
(ハワイ島マウナケア山、藤原英明氏撮影、国立天文台提供)
下:アルマ望遠鏡山頂施設で撮影された満天の星
(川村晶氏撮影、国立天文台提供)

上:M42〈オリオン大星雲〉（国立天文台三鷹キャンパス、
長山省吾氏撮影・画像処理、国立天文台提供）
下:ヘール・ホップ彗星を追う野辺山45メートル電波望遠鏡
（国立天文台野辺山キャンパス、齋藤泰文氏撮影、国立天文台提供）

目次

Ⅰ 太陽

Ⅱ 太陽系

IIII 月

Ⅳ 系外惑星

Ⅴ 彗星

装幀・本文デザイン＝鳴田小夜子（KOGUMA OFFICE）

『星空の散歩道　星座の小径編』

Ⅱ

太陽

偶然が織りなす天体ショー ―日食を楽しもう―

日食は月が太陽を隠す現象である。しかも、いくつもの偶然が重なって起きる天体ショーである。

第1の偶然は、太陽と月の見かけの大きさの一致である。太陽も月も見かけの直径*は、約0・5度。太陽の実際の直径は月の400倍も大きいのだが、たまたま地球からの距離が月の400倍もあるため、見かけの大きさがほとんど同じになっているのである。これは、何か特別に理由があるわけではない。たまたまそうなっているだけだ。考えてみると、月も太陽も大きいようで、そうでもない。夕日などを写真にとって、後で眺めてみると、意外に小さいなぁ、と思った人も多いだろう。実はその見かけの大きさは、五円玉を手に持って、腕を伸ばしたときの、穴の大きさしかないのだ。そんな小さな天体同志がぴったり重なるという偶然。まさに日食というのは、宇宙の生み出した神秘的な偶然といえるだろう。

見かけの大きさがほとんど同じであるために、月が太陽を覆い隠す皆既日食が起こるわけだが、必ずしも毎回そうなるわけではない。月は地球の周りを楕円軌道でまわっているために、地球に近づくときは36万キロメートルを割り込むし、遠いときには40万キロメートルを超えるほどである。たまたま月が近いときに日食になると皆既日食となり、遠いときには、太陽全体を覆い隠せない金環日食となる。

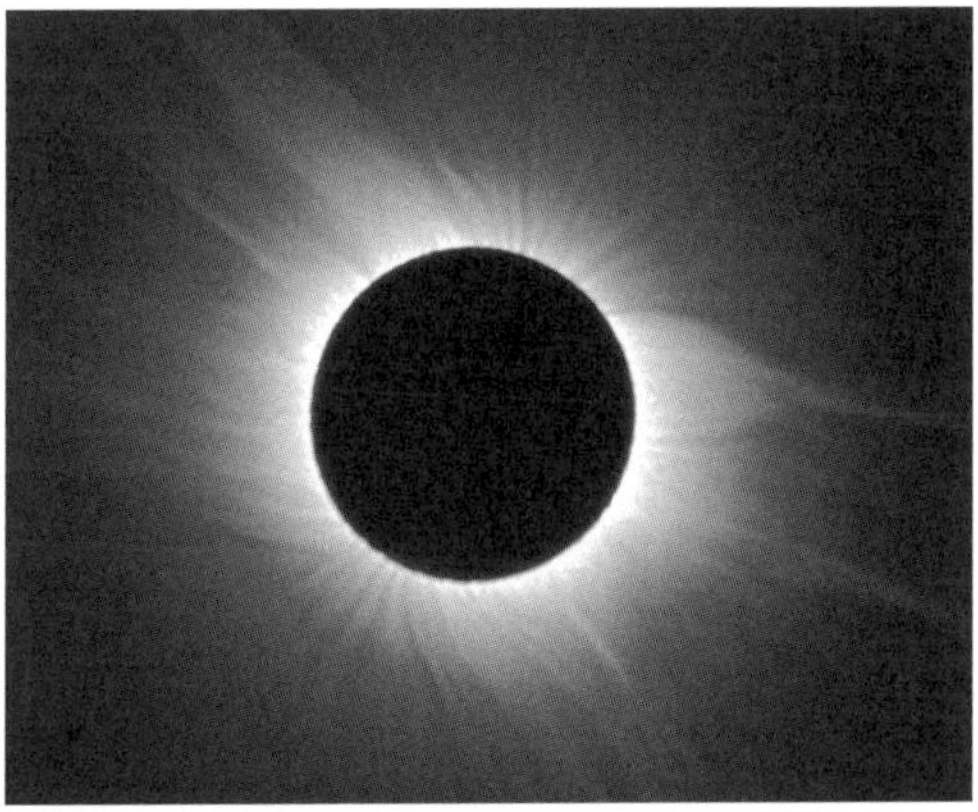

皆既日食、2006年3月29日、トルコ・シティ(福島英雄・片山真人・渡辺康允各氏撮影、国立天文台提供)

ところで、月はいまでも次第に地球からほんのわずかずつではあるが遠ざかっている。したがって少なくとも10億年後には月の見かけの大きさが太陽よりも、常に小さくなると思われている。こうなると皆既日食は見られなくなる。そんな時期に我々人類が生まれた、というのも、ある意味で偶然のひとつだろう。

第2の偶然は、太陽と月、それに地球が一直線に並ぶことだろう。地球は太陽の周りを公転しているが、その公転面を黄道面《こうどうめん》と呼ぶ。一方、地球の周り

＊視直径。太陽や月を円と見立て、その直径と見る人の目線で二等辺三角形を作ったときの頂点の角度のこと。

木漏れ日観察

を月が公転しているが、月の軌道面を白道面と呼ぶ。黄道面と白道面は約5度ほど傾いている。そのため、日食が起こるためには、月と太陽が黄道面と白道面の交差点に同時にやってくる必要がある。太陽が、この交差点を通過するのは1年弱で2回しかない。月の方は、交差点にやってくる周期は、1ヶ月弱となるので、両者がたまたま同じ交差点に並ぶのは、なかなかないことがわかる。日食が起こるチャンスは年に二度ほどしかなく、そのチャンスに月が都合良くやってくるわけではない。タイミングによっては必ず起きるとは限らないわけである。

　次に日本の陸地で皆既日食が見えるのは、２０３５年9月2日となる。皆既日食が見られるのは、皆既帯が通る北関東・長野・北陸の一部など、ごく限られた地域となる。皆既日食では、ふだんは見ることができない、太陽の外側に広がる希薄なコロナが現れるだけでなく、地上も夕闇のような暗さとなり、夜空には惑星や1等星が現れ、実に神秘的な風景が広がる。感受性の高い方々などは、皆既が終わると感動して泣き出す人も多い。そんな感動を求めて、皆既日食のたびに見に出かける天文ファンが世界中にたくさんいるのである。

皆既日食のようにドラマチックではないものの、他の地域でもかなり大きく欠けた部分日食となる。せっかくの天文ショーなので、欠けた太陽像をぜひ観察してほしい。といっても、太陽を直接見るのは厳禁である。日食観察専用グラスか、ピンホールを通して太陽像を投影するなどの間接的な方法で楽しもう。一番のお勧めは木漏れ日観察。木漏れ日そのものがピンホール効果となって、欠けた太陽の像が地面にたくさん投影されるからである。日食の安全な観察方法や、時刻などの情報は国立天文台のホームページでチェックして、晴れたら観察を、曇ったらテレビやインターネット中継で、宇宙の偶然が織りなす天体ショーを楽しんでほしい。

（Vol.44/2009.7）

初日の出を眺めよう

初日の出に限らず、日の出は神々しい。朝焼けの地平線や水平線から、太陽の縁が顔を出す瞬間、それまで闇が支配していた世界にまるで光が戻るような感動がある。思わず、手を合わせて祈りたくなる。特に災害に見舞われた年は、来年こそは良い年になるように、と祈りたい気持ちは大きい。初日の出に期待する人も多いだろう。

師走の声を聞くと初日の出の時刻に関しての問い合わせが格段に多くなる。国立天文台の広報室でも、問い合わせの多い富士山頂や各地の名所での初日の出の時刻をあらかじめ用意しておき、質問に備えている。それほど初日の出を拝む習慣が、初詣とともに個々人の宗教にあまり関わり無く、日本人に広く受け入れられているということなのだろう。ちなみに、いつでも暦計算室のホームページ上で、各自好きな場所の初日の出時刻を計算できるようになっているので、試して頂きたい。（国立天文台　暦計算室ホームページ：https://eco.mtk.nao.ac.jp/koyomi/）

来年は初日の出を拝むことができるだろうか。

　初日の出というのは日本でも最東端の北海道が最も早いと思うかもしれない。夏は、そうなのだが、初日の出はそうではない。冬になると太陽は東南東の方角から昇ってくるため、経度が東であるよりも、東南東に突き出したところの方が早くなる。日本で、もっとも早い初日の出は南鳥島（5時27分）、人がずっと住んでいるところとしては小笠原諸島（6時20分）、本州では富士山頂（6時42分）である。海岸線（平地）に限れば千葉の犬吠崎が6時46分で、北海道の納沙布岬の6時49分よりも早くなる。ちなみに、いちばん遅いのは与那国島（7時32分、数値はいずれも２０１２年の場合）である。これらの時刻は、1分ほどずれることはあるが、毎年、大きな差は生じない。

ところで、日の出の時刻というのは、天文学的には水平線に太陽の上の縁が接する瞬間と定義されている。逆に日の入りの時刻は、太陽がすっぽりと沈んで、完全に見えなくなる瞬間である。何を当たり前なことを、と思うかもしれない。ところが、この定義が実は大きな混乱を引き起こしてしまっている。そして、それに頭を悩ませた人たちが、毎年決まった時期になると、やはり国立天文台に問い合わせてくるのだ。その時期は、春分の日と秋分の日の前後である。その質問は「どうして昼と夜の時間が同じではないのか?」というものだ。秋分・春分の日というのは、太陽が真東から昇って、真西に沈む。天文学的に言えば、太陽の通り道である黄道と地球の赤道を延長した天の赤道とが交わるところに太陽がさしかかった日である。したがって、単純に考えれば、地球上のどんな場所でも、太陽が顔を出している昼と沈んでいる夜とが同じ長さになるはずである。もちろん日本でもそうである、と考えてしまう。

ところが、事実はそうではない。例えば、2025年の春分の日の東京での日の出は5時44分、日の入りは17時53分。したがって、この日の昼の長さは12時間9分となり、昼が夜よりも18分も長い。新聞などに掲載される日の出入り時刻から、この事実に気がついて、疑問を持つのである。実は、これにはふたつの理由がある。そのひとつが先程述べた太陽の出入りの定義だ。日の出でも、日の入りでも、太陽の上の縁が地平線に接した瞬間だから、昼の時間を日の出から日の入りまでと考えると、その長さは太陽一個分ほど長くなる。もうひとつの理由は大気の屈折である。地平線に沈む太陽がしばしばつぶれたお饅頭のように見えることがあるが、これは太陽光線が厚い大気中を通過するときに場所に応じた屈折の具合に差ができるための現象である。実は、太陽は実際には地平線の下にあるはずなのに、いくぶん浮き上がって見えているのだ。この浮き上がりは一般に地平線では1度の半分ほど、つまり太陽1個分に相当する。この浮き上がりを「大気差」と呼んでいるが、そのために日の出と日の入り時、あわせて太陽2個分ほど昼が長くなる。このふたつの理由から、春分、秋分ともに昼の方が長くて夜の方が短くなるのだ。単に日の出・日の入りという単純な現象なのにもかかわらず、奥が深いと感じてもらえただろうか。そんな奥の深さを知った上で、ぜひ初日の出を拝んでみてほしい。

（Vol.73/2011.12.26）

春分の日

初春になると一日ごとに日が長くなっていく実感がある季節となる。春分を境にさらに日が長くなり、いよいよ春も本番と思えるようになる。夜はどんどん短くなるのだが、気温は上がるので星空を眺めやすい季節ともいえる。

２０１４年の春分の日は、3月21日。ところで、これは２０１３年とは一日異なる。２０１３年は3月20日が春分の日だったからだ。ちなみに、２０１５年は3月21日、２０１６年は再び3月20日となる。このように日付が異なる理由を、なんとなくご存じの方も多いだろう。

国立天文台の暦計算室では、毎年、天体暦の計算をしていて、春分・秋分も決めている。改めていうまでもないかもしれないが、春分というのは、太陽が天球上を動いて、天の赤道（地球の赤道を天球に延長したもの）を南から北に横切る瞬間のことである。太陽の通り道を黄道と呼ぶが、黄道と天の赤道の交差点に太陽が来る瞬間に他ならない。（ちなみに北から南へ交差する点を秋分点と呼ぶ）この春分、秋分を含む日を、それぞれ「春分日」「秋分日」と呼ぶことになっている。実は、この瞬間は、年によって、20日になったり、21日になったりするのである。したがって、この春分日・秋分日を基準とする国民の祝日としての「春分の日」「秋分の日」の日付も、年によって異なることになる。（もっとも最近は移動祝日が多いので、あまり目立たなくなってしまったが……）

さて、前項でも触れたが春分の日前後に国立天文台の広報室に必ず寄せられるのが、「春分なのに、どうして昼と夜の長さが異なるのか」という質問である。春分の日は、太陽は天の赤道上にあるので、太陽は真東から昇って、真西に沈むはずだ。したがって、地球上のどんな場所でも、太陽が顔を出している昼と沈んでいる夜とが同じ長さになるはずで

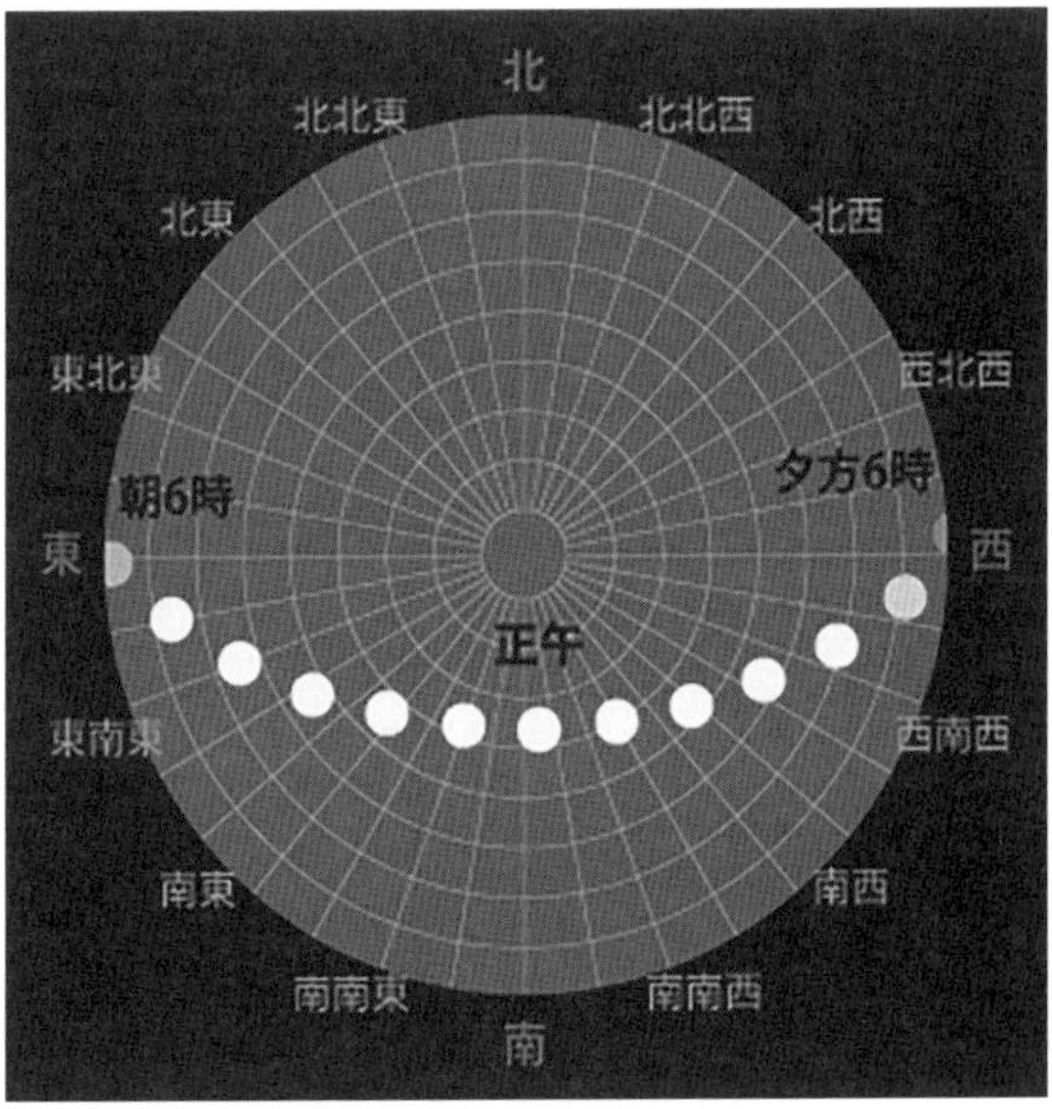

春分の日の太陽の動き（2014年3月21日、東京）

ある、と思い込む人は多い。ところが、新聞の暦欄をなにげなく見てみると、どうもそうではないことに気づく。例えば、２０１４年の春分の日、3月21日の東京での日の出は5時44分、日の入りは17時53分。したがって、この日の昼の長さは12時間9分となり、昼が夜よりも18分も長いことになる。これは納得がいかないと上記の質問となるのだ。実は、春分の日も秋分の日も昼の方が長い。これには、ふたつの理由がある。

前項でも紹介したように、これには日の出入りの定義がからんでいる。日の出は太陽の上の縁が地平線に接した瞬間と決められている。初日の出では、太陽の縁が顔を出した瞬間に手を合わせる。その気持ちを考えれば、この定義はごく自然だ。日の入りも同様に、太陽の最後の縁が地平線に沈んで見えなくなった瞬間と定義されている。ということは、太陽の有限の大きさを考えれば、日の出に太陽の半径分だけ昼が長くなり、また日の入りのときにも同じ量だけ長くなることになる。昼の時間は日の出から日の入りまでだから、あわせてちょうど太陽1個分、昼が長いことになるのだ。実は、これは太陽だけの定義で、月の場合は、その中心が地平線に一致した瞬間としている。

もうひとつの理由として、大気の屈折がある。太陽は、実際には地平線の下にあるのに、地平線上に浮き上がって見えている。地平線での天体の浮き上がり量は1度の半分ほどである。つまり、太陽1個分はまるまる浮き上がって見えていることになる。そのために日の出時と日の入り時、あわせて太陽2個分ほど昼が長くなるのである。

このふたつの理由で、春分、秋分ともに昼の方が長くて夜の方が短い。合計すると、太陽3個分ほど昼の方が長くなる。時間差に換算すると、この差は緯度によって異なるが、東京では16～18分程である。そして、昼夜の長さが本当に同じになる日は春分の日、秋分の日よりもそれぞれ4日ほど冬至側にずれた日になる。

まぁ、そんな細かなこととは別に、真東から昇って真西に沈む太陽を拝んでみてはいかがだろう。


（Vol.81/2014.3.20）

IIII

太陽系

最小の惑星、水星ウォッチに挑戦

水星を見たことがあるだろうか？　ある、と自信を持って答えられる人はかなりベテランの天文ファンだ。それほど水星は肉眼で見ることができる5つの惑星の中では、最も目撃者が少ない惑星である。

水星を見るチャンスが少ないのはいくつかの理由がある。ひとつは最も太陽の近くをまわる内惑星であること。惑星の中でも、地球の外側をまわっている外惑星たち、特に肉眼で見える木星や土星、火星は、ある時期になると、太陽と反対方向の深夜の夜空に輝くので、眺めるのも簡単である。しかし、内惑星は地球よりも内側、太陽に近いところを公転しているので、地球から見て太陽のそばから大きく離れることがない。

内惑星が太陽から見かけ上、最も大きく離れているときのことを、最大離角と呼ぶ。地球のすぐ内側である金星の場合、最大離角のときには太陽から50度も離れ、かつマイナス4等ときわめて明るく輝くので、明けの明星あるいは宵の明星として誰でも眺めたことがあるだろう。

しかし、水星はさらに内側をまわる惑星なので、最大離角の頃でも、せいぜい27度止まりとなり、日没後すぐの西の地平線か、あるいは日の出前の東の地平線の近くにしか見えない。金星よりも低い高度だから、大気が透明であること、低空まで雲がないことなど、水星が見える条件も限られ、チャンスが少なくなる。

さらにいえば、水星では、最大離角の頃でも地平線からの高さが、低いままということがある。水星の軌道面は黄道《こうどう》面に対して7度も傾いているためだ。これだけ傾いていると、水星の位置が黄道よりも南側に大きくずれてしまい、結果的に黄道よりも地平線側になってしまうことがある。こうなると地平線からの高度がかせげなくなってしまう。この効果は、緯度が高くなればなるほど大きくなる。というのも高緯度地方ほど、黄道が一般に地平線に対して寝てしまうからである。

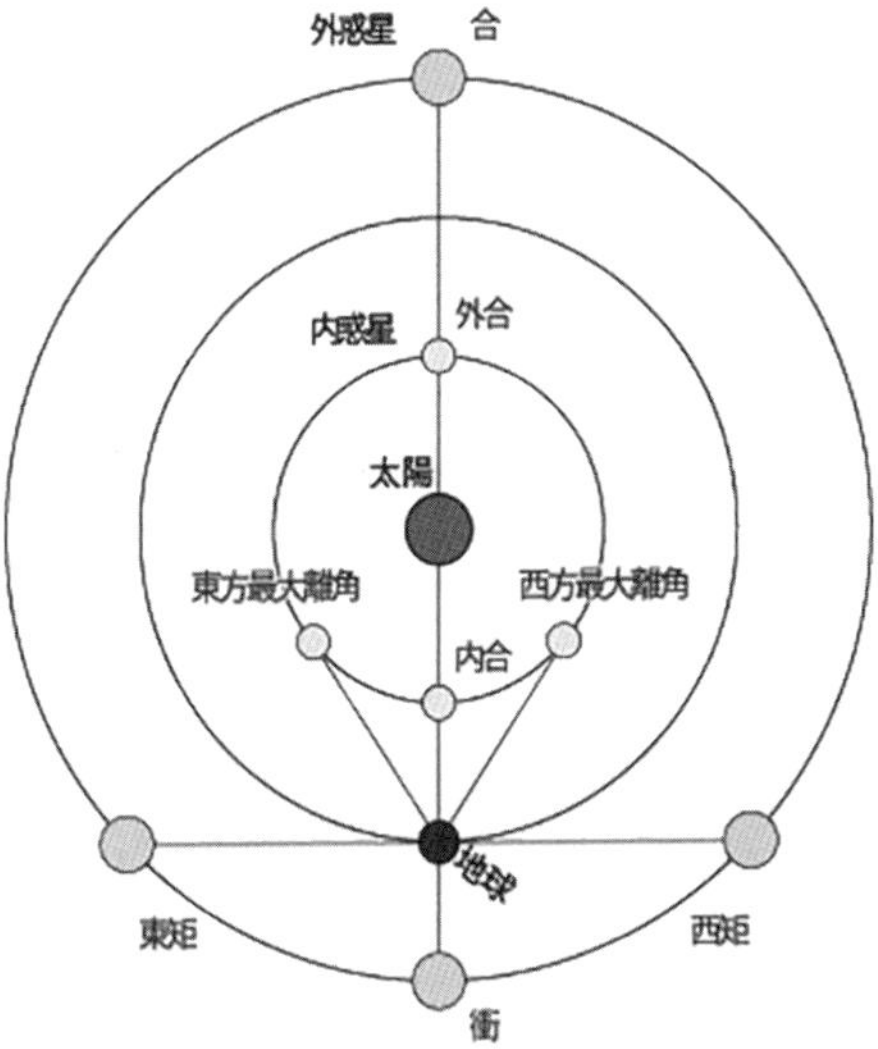

地球の内側をまわっている内惑星と地球との位置
（国立天文台「こよみ用語解説」より）

そんなこともあって、地動説を唱えた

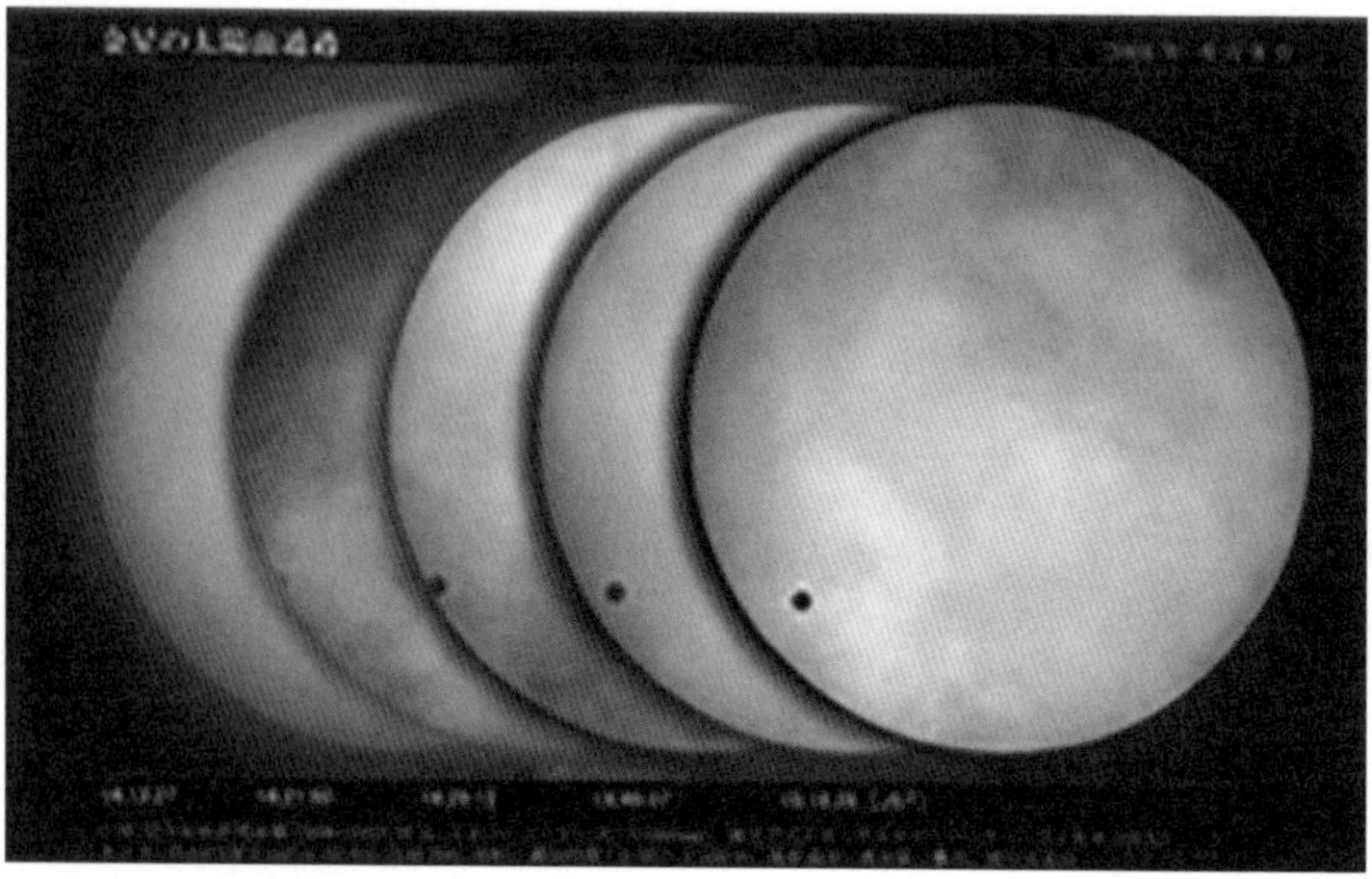

金星の太陽面通過（国立天文台提供）

コペルニクスは、生涯に一度も水星を見たことがない、という噂があるほど。これもコペルニクスが活躍したのがポーランドという緯度の高い場所だったからだろう。（ただ、コペルニクス研究の世界的権威：ハーバード大学のジンジャーリッチ博士の話では、これは単なる噂のよう。確かに彼の記録には「ぜひ観測したい、と思ったときに水星を観測できなかった」という記述があるものの、生涯一度も見たことがないというのは、あくまで後世にできあがった話で、おそらく水星を見たことがあるだろう、と考えているそうだ。）

　水星が見えにくい、もうひとつの理由は、水星そのものが直径約5000キロメートルと小さいため。冥王星が惑星から準惑星となった今、8つの惑星の中では最小の惑星で、これだけ太陽に近くても結果として暗いのである。最大離角の頃にも、その光度は0等程度で、これは外惑星の土星とほぼ変わらない。真夜中の真っ暗な夜空高くに輝く0等の土星と、地平線すれすれで薄明の明かりの下で輝く0等の水星では、見やすさはおのずと異なってくる。

ところで、内惑星には外惑星にはない現象が起こり、シルエット姿を眺めることができる。ときどき太陽と地球のちょうど中間にやってきて、太陽面上を通過していく、太陽面通過あるいは日面経過という現象が起きる。水星がシルエットで見える太陽面通過は、２００５年11月9日早朝に起こった。日の出のときには、すでに太陽に深く入り込んでいて、午前9時には終わってしまった。太陽を観察する特殊な装備を施した望遠鏡が必要となるが、シルエット姿の水星を観察してみたいものだ。日本で見える水星の太陽面通過は次に見えるのは２０３２年。ちなみに金星の場合はさらに珍しく、２１１７年となる。

（Vol.11/2006.10）

惑星をぜんぶ見てみよう

惑星をぜんぶ眺めたことのある人は、いったいどのくらいいるだろうか。読者の皆さんはいかがだろう。幸い、筆者はまだ惑星だった冥王星を含めて、すべての惑星を眺めたことがある。ただ、冥王星はきつかった。何せ14等から15等と非常に暗いからだ。夜空の暗い場所で、なおかつ50センチメートル以上の大きさの望遠鏡がないと見えない。執筆時、冥王星は天の川のそばにあって、同じような明るさの恒星がそばにたくさんある。冥王星は目で見ても大きさがわかるわけではないし、視野の中の恒星の中で、いったいどれが冥王星なのだか、全くわからない。筆者も、おそらく、このうちのどれかが冥王星だろう、という程度の認識しかもてなかった。

ところで、2006年の国際天文学連合の総会での「惑星の定義」採択によって、冥王星が準惑星に位置づけられた。惑星に準じる天体という新しい種族である。これはこれで天文学的には非常に重要なのだが、逆に惑星は海王星までの8個になった。眺める上で最も難易度の高かった冥王星が惑星でなくなったことで、実は惑星すべてを眺めるのがとても容易になったの

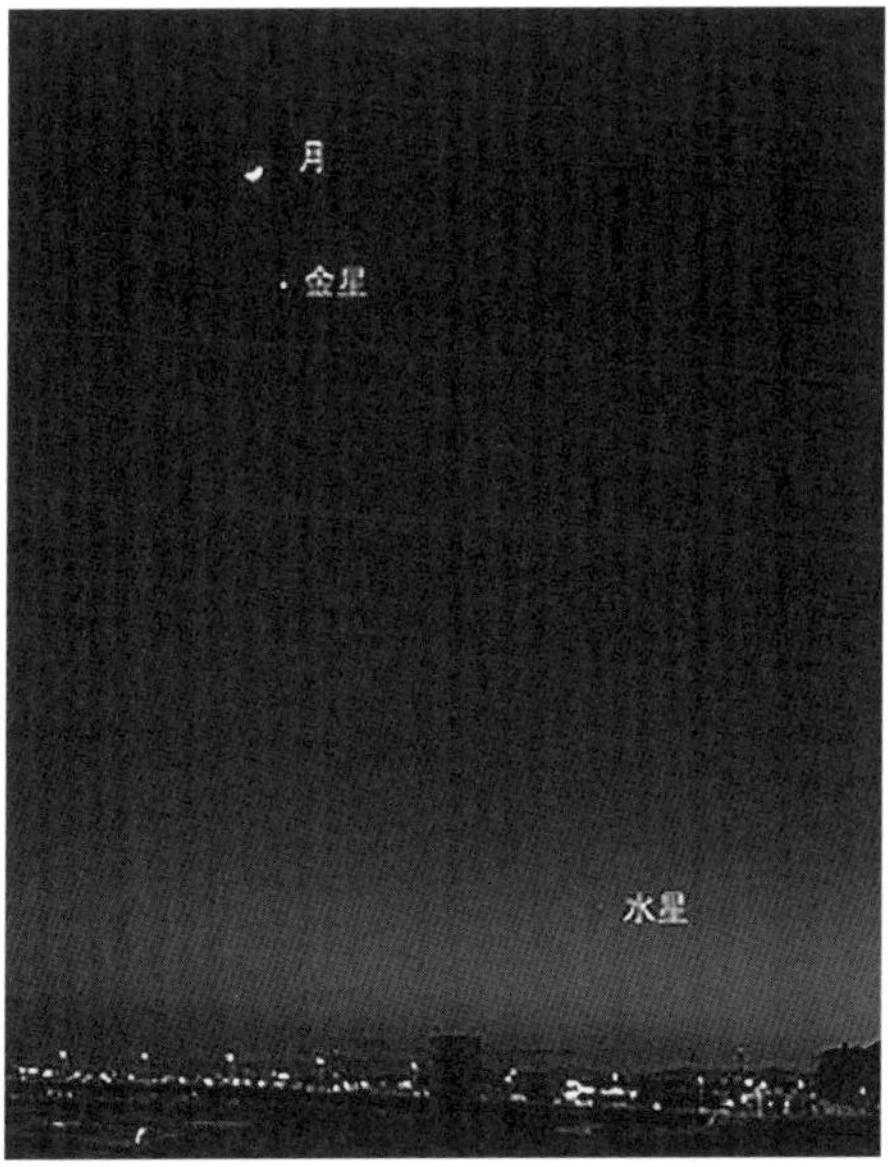

水星と金星のランデヴー（国立天文台提供）

である。地球から見て最も暗い惑星・海王星の明るさは約8等。その位置さえ間違えなければ、海王星は小口径の家庭向け天体望遠鏡や、ちょっと大きめの双眼鏡で眺めることができる。天王星は6等台なので、さらに明るく、双眼鏡でも簡単に眺められる。

一方、明るいのにもかかわらず、眺めた人が極端に少ないのが水星である。詳しくは前項のコラムで紹介（『最小の惑星、水星ウォッチに挑戦』）しているが、水星は内惑星、つまり地球よりも内側をまわっているので、太陽のそばから大きく離れることがないからである。見えそうな時期でも、明け方の東の地平線か、夕方の西の地平線ぎりぎりなので、よほど条件に恵まれないと見えない。天文ファンでも、なかなか眺めた人が少ない惑星なのである。それでも1年の間に何度かチャンスが巡ってくる。そのチャンスの時期さえ間違えなければ見ることができる。

そんなわけで、2007年に国立天文台と日本望遠鏡工業会が一緒になって、「惑星ぜんぶ見ようよ☆」キャンペーンを実施した。太陽系の8つの惑星をすべて、比較的簡単に見ることができるようになったことをアピールし、惑星のおもしろさを多くの人に伝え、同時に実際に望遠鏡で惑星を見てもらおう、というものである。しかも、眺めた日時を申告することで、国立天文台長から認定証が発行されるのだ。認定証は難易度に応じて、金星、火星、木星、火星を眺めた人は銅メダル、水星を加えて銀メダル、8個全部見た人には金メダルとなった。

もともと天文にあまり興味のない人は、小型の望遠鏡で土星の環が見えることさえ知らないことが多い。海王星や天王星に至っては、大型の望遠鏡を使える天文学者でなければ眺めるのは不可能と思っていることも少なくない。こうした固定概念を崩しながら、多くの人に実際の惑星を眺めてもらう機会を増やしたのだ。

せっかく、広い宇宙の中で、この太陽系に生まれたのである。生まれ故郷の主要天体である惑星を、ぜひぜんぶ見てみようではないか。

（Vol.19/2007.6）

凍てつく夜空に彩りを添える火星

時期によって夜空に赤く輝く星が目立つことがある。そう、赤いのは地球に接近中の火星である。火星の表面を覆っている砂には鉄分が多く、褐鉄鉱《かってっこう》と呼ばれる、赤さびのような色をしているために、赤く輝いているのである。この火星は約2年2ヶ月ごとに地球に接近し、その明るさもマイナス1・6等となる。恒星の中で最も明るいおおいぬ座の1等星シリウスの明るさがマイナス1・5等だから、よく目立つはずだ。

火星は地球のすぐ外側をまわる惑星で、平均すると2年2ヶ月ごとに地球に近づく。火星の軌道はずいぶんとゆがんでいるために、接近のタイミングによって、その接近距離は大きく違ってくる。夏に近づくときには接近距離が6000万キロメートルを割り込み、非常に明るくなって、一般の人の目を引くため、大接近と呼ばれる。とりわけ、2003年8月の大接近は話題になった。というのも、接近距離がそれまでになく小さく、ある研究者の計算によれば、実に6万年ぶりの大接近ということで、ニュースにも取り上げられたからである。大接近は8

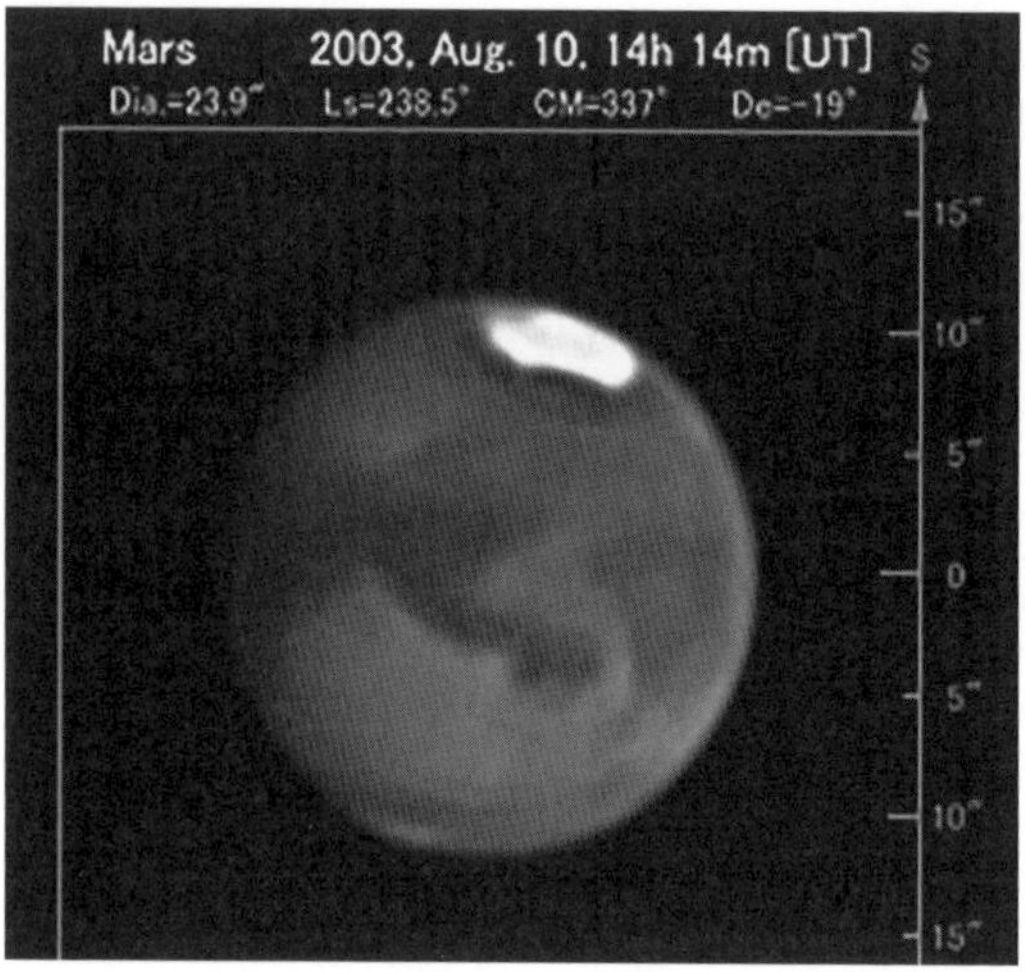

2003年8月に地球に大接近したときの火星。白く見えるのは南極にあるドライアイスが凍った極冠（国立天文台提供）

月末だったが、その後、9月の半ばに開催された国立天文台三鷹キャンパスの定例観望会には、推定で2500名のお客さんが押しかけるという大騒ぎになった。

一方、冬から春にかけての接近は、火星の軌道が大きく外側へ膨らんだ部分で起きるために、接近距離は大きくなり、小接近とも呼ばれる。このときの地球との接近距離は、大接近のほぼ倍となってしまう。距離が遠いという事は、それだけ暗くなるということなのだが、そこはさすが火星で、小接近でもそこそこ明るくなり、よく目立つのである。しかも、日本のような北半球では、大接近よりもこのあたりの接近の方が観察するには都合がいい。というのも、大接近での場合、火星は夏には南の星座の低いところにあるので、大気の影響を受けやすい。今回のように深夜にほぼ頭の上を通過するような条件であれば、ずっと大気の影響をうけにくく、火星の表面の観察もしやすい。（ただ、大接近に比べればさすがに遠いので、望遠鏡で見た大きさも小さくなってしまうのだが。）　慣れれば天体望遠鏡で、表面の明暗模様を見ることができる。各地の天文台でも、しばしば火星の観望会が企画されているので、お近くの公開天文台などへ問い合わせてみるとよいだろう。

ところで、望遠鏡で見なくても火星では探査機が様々な画像を撮影している。そういった画像を見ていると、なんだか自分が火星に立って、写真を撮ったような錯覚さえ覚えるほどだ。これらの探査機、特に着陸して火星表面を走り回っているアメリカの火星ローバー（探査車）、キュリオシティやパーサヴィアランスは、まだまだ活躍している。当初は、ローバーの駆動に必要な電源を供給する太陽電池が火星の砂で覆われてしまって、すぐに寿命が来るだろうと思われていた。しかし、時々起きる火星の砂嵐で、逆に積もってしまった砂が吹き払われるため、どうやら低下した発電能力が回復するらしい。そして、これらのローバーが撮影する火星の地形は、確かに赤い。だが、かつては水がたっぷりとあって地球のような気象だったと考えられているので、探すと地球に似たような地形もあるようで、とてもおもしろい。

火星は最接近の頃には、日が沈むと同時に東の地平線に現れて、真夜中にほぼ頭の真上に輝き、明け方にはようやく西の空に沈むので、一晩中眺めることができる。

（Vol.25/2007.12）

太陽系に未知の惑星？

2006年の冥王星騒動で、太陽系の惑星は8つで落ち着いた、太陽系は果てまでわかってしまったと思っている方がいるかもしれないが、なかなかどうして太陽系はまだまだ先が見えていない。

実は、海王星の先にも惑星クラスの天体が存在するはずだ、と考える研究者もいる。当時神戸大学で研究していたブラジル人パトリック・リカフィカ氏と向井正氏もそうである。もともと、私自身が太陽系の研究者なので、リカフィカ氏が大学院の頃から私は彼の研究をよく知っていた。彼は理論家として、太陽系外縁部にある外縁天体（エッジワース・カイパー・ベルト天体）の軌道の理論的な研究を行っていた。太陽系外縁天体とは、海王星の外側をまわる天体群である。1992年に最初のひとつが発見されてから、その数はすでに数千個以上にのぼっている。そして、それらの天体の軌道の分布に特徴的な性質がある。通常の惑星がまわる黄道面に対して、傾いているものが多いのである。冥王星は17度も傾いているし、冥王星よりも大きなエリスになると、44度にも及ぶのである。さらに真円ではなく、大きくゆがんだ楕円軌道のものもある。軌道のゆがみ具合を専門用語では「離心率《りしんりつ》」と呼ぶのだが、これが飛び抜けて大きく、非常に大きな軌道を持ち、周期が千年を超えるものさえあるほどだ。通常の惑星形成理論から考えると、このような傾きと離心率を持つためには、何らかの重力的な擾乱《かくらん》が必要なのだが、これまで、こうした特徴をすべて統一的に説明できるモデルは皆無といってよかった。

リカフィカ氏は、大学院生の頃から、こういった太陽系外縁天体の軌道の特徴を一つ一つ丹念に調べ、数値シミュレーションによって、どんな原因でどのような特徴が説明できるのかを綿密に研究していた。筆者は、その経過を聞かされるたびに、「おぉ、ずいぶんと進んでいるなぁ」と思っていた。そんな中、博士論文をまとめおえたリカフィカ氏が、ある研究会でついにひとつの結論に達したことを発表したのである。

それは、「太陽系外縁天体の観測された軌道分布の特徴をすべて矛盾なく再現できる原因がひとつだけある。それは未知の惑星クラスの天体の存在を仮定することである」というものであった。これには驚いた。それまで火星サイズの天体が存在するはず、と主張した人はいたのだが、太陽系外縁天体の軌道の性質のごく一部しか説明できないものであったし、われわれ研究者も、すでにそういった可能性はないかもしれない、と考えはじめていたからだ。

リカフィカ氏に、さっそく論文原稿を送ってもらった。タイトルは“An outer planet beyond

新惑星想像図。右側遠くに見えるのは太陽
（Fernando D'Andrea / Rockhead Games）

Pluto and origin of the trans-Neptunian belt architecture” とある。未知の惑星クラスの天体の質量は、地球の0・3から0・7倍程度、軌道は、近日点距離が80天文単位（1天文単位とは地球と太陽の平均距離で、約1億5000万キロメートル）以上、軌道は大きく、その長半径は100－175天文単位、軌道面の傾斜角は20－40度である。この惑星が太陽に近い場所にあれば、その明るさは14・8－17・3等級と考えられ、現在計画されている大規模サーベイ観測が始まれば、いくぶん遠くにあっても発見の可能性は十分にある。そして、この論文が審査を通過し、4月にアメリカの天文学会誌に掲載が決まった時点で、彼らと連絡を取り、記者会見を2008年2月27日に国立天文台で開催したのである。（国立天文台広報室は、国立天文台の研究者の成果だけでなく、こうして関連分野の研究者の成果を世に問うお手伝いもする、いわば天文学そのものの広報でのナショナルセンターとしての役割を果たしている。）

その反響があまりに大きかったために、神戸大学でも改めて記者会見を開くことになったそうである。その後、同様の研究結果はアメリカのカリフォルニア工科大学のブラウン氏によっても発表されている。そして、すばる望遠鏡による探索もはじまっている。いずれにしろ、宇宙はまだまだ見えていない。現在の太陽系でさえ、まだ何があるのかわからない。そして、この惑星クラスの天体が発見されれば、新しい惑星に認めるかどうか、*再び議論が始まることだろう。

＊２００６年に定められた惑星の定義については拙著『新しい太陽系』（新潮新書）を参照されたい。

（Vol.28/2008.3）

天王星や海王星を探してみよう

木星は約12年で天球上の黄道、つまり太陽の通り道に沿って一周する。その間、いろいろな惑星と接近することになる。火星、土星、金星などと接近するときには、ちょっとした天文ショーとなって、人目を引く現象になる。ただ、天王星や海王星といった肉眼では見えない惑星との接近は、それほど話題になることはない。だが、天文ファンにとっては、これは絶好のチャンスである。木星を目印にして海王星や天王星を簡単に探し出せるからだ。

土星よりも遠い惑星は、もともと暗い。天王星は6等、海王星にいたっては8等星である。この明るさでは簡単には肉眼では見えない。天王星はぎりぎり肉眼で見える明るさなのだが、誰も惑星として認識したことはなかった。そのために望遠鏡の発明以前には知られていなかった惑星なのである。これらの暗い惑星を単独で探し出すには、相当の〝腕〟がいる。それぞれの位置と、その周囲の8～9等星まで描かれた星図を用意し、近くの明るい星からたどっていくか、コンピューター制御された望遠鏡を使って探し出すことになる。たとえ後者の方法でも、いざ眺めてみると、同じような明るさの恒星が視野内にたくさんあったりして、どれが目指す海王星や天王星かわからない場合も結構、多い。しかし、木星などの明るい惑星と接近していると、そんな苦労はいらない。その惑星との位置関係さえつかめていれば、簡単に探し出せるからである。天王星や海王星の場合には、約12年強に一度は、条件の良い木星との接近がある。

例えば木星と天王星が接近した２０１０年は9月19日。このときには、両者の距離は1度以内、つまり満月の2倍程度の距離にまで接近し、双眼鏡はもちろんだが、倍率が50倍程度の天体望遠鏡でも同一視野に入った。その眺めはなかなか楽しい。木星の周りにくっついているガリレオ衛星たち、そしてガリレオ衛星程度の明るさの天王星が一緒に眺められるのである。木星も天王星も動きが遅いので、最接近の9月19日前後1週間程度がチャンスだった。19日以後、両天体の間隔は次第に開いていくが、11月中旬ごろから再び近づきはじめ、翌年1月4日には再び接近した。

天王星は、珍しく自転軸が横倒しになった惑星である。ちょうどこのときは赤道部分がこちら側、つまり太陽を向いている状態である。ただ、いくら倍率を上げても、天王星はやっと有限な面積を持つ円盤に見える程度。なにしろ、その見かけの直径は4秒角程度で、木星の10分の1以下である。日本などでは気流が悪いと、たちまち円盤には見えなくなってしまうほど小さい。もちろん、その表面模様を眺めることは困難である。特徴的なのは、その色だろう。天

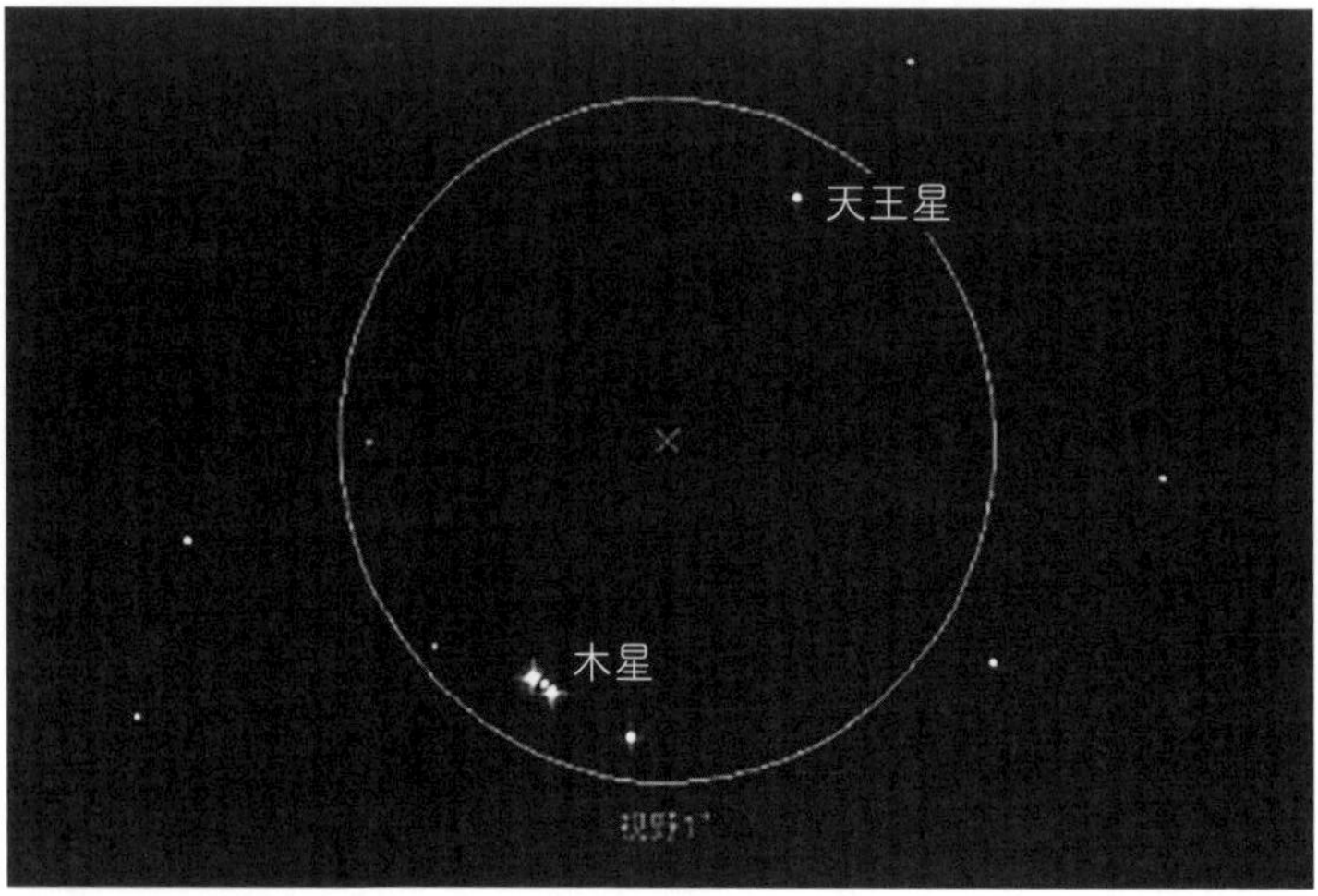

2010年9月19日0時の木星と天王星〈視野1度〉（ステラナビゲータ/アストロアーツ）

王星や海王星の大気にはメタンガスが含まれているのだが、このガスは赤い色を吸収してしまう性質がある。太陽の光のうち、赤色が吸収されて、残りを反射して光るので、天王星や海王星は緑色から青色がかって見えることが多い。ほのかに青みがかった天王星や海王星と、黄褐色の木星との色の対比も美しかった。

　そういったチャンスがなかなかないが、ぜひ双眼鏡で木星のそばに輝く天王星や海王星を探してみよう。天王星は6等なので、空が良ければ双眼鏡でも見えるはずである。もし天体望遠鏡をお持ちなら、引っ張り出して、50倍以下の低倍率で木星を目印に、天王星や海王星を探し出し、その色を楽しんでみたい。

　ちなみに木星が天王星に近づくのは2024年4月頃で、太陽に近くて条件が悪い。２０３８年2月20日は3分角まで近づくので、とても良い条件で観測できるだろう。木星と海王星の接近は２０４７年7月まで条件のよいものはなさそうである。

（Vol.58/2010.9.16）

木星に異変 ー縞が消えたー

木星は人気のある天体である。小望遠鏡では、木星の周りに寄り添う4つの衛星が見えるし、それらが日々動いていく様子がわかる。また本体にも赤道を挟んで2本の太い縞模様が見える。南赤道縞と北赤道縞である。場合によっては、その南側の縞に楕円状の斑点(大赤斑)が重なっているのがわかるだろう(画像左)。ところが、この木星に、2010年異変が起きた。この縞模様のうち、最も太く、濃い茶色であった南赤道縞が消えてしまった。木星を眺めると1本の縞しか見えないのだった(画像右)。

木星は太陽系で最も巨大な惑星である。赤道半径は約7万000キロメートル、地球の約11倍、重さは太陽のほぼ1000分の1、地球の317倍である。主成分はほぼ太陽と同じで、約90%が水素、残りのほとんどをヘリウムが占めている。上層大気には、アンモニア、水、メタンなどといった成分があるが、これが大事な役割をしている。特にアンモニアは凝結して雲を作り、太陽の光を反射する。われわれが望遠鏡で眺める木星の表面模様は、ほとんどこのア

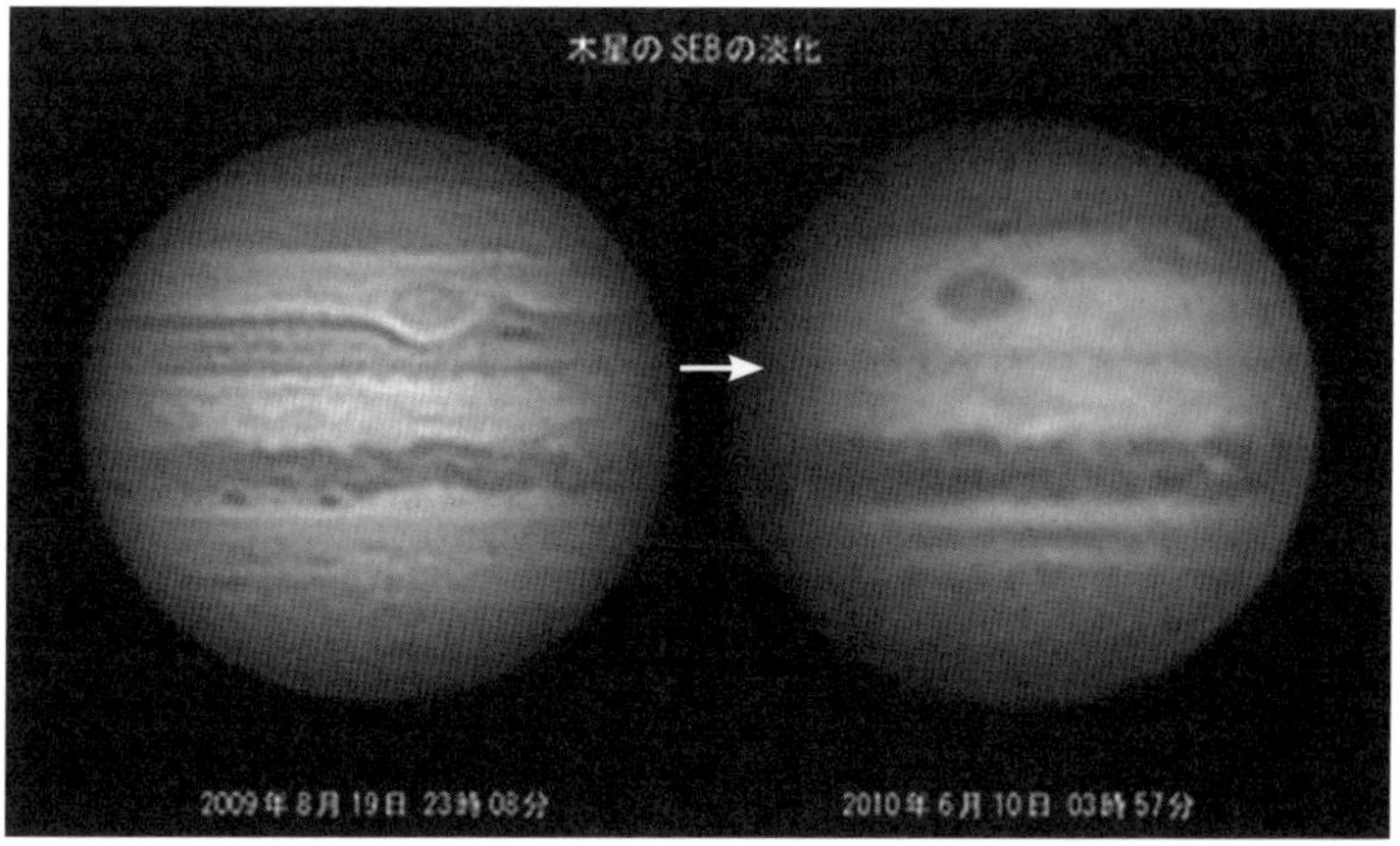

木星の南赤道縞淡化の様子。左から、2009年8月19日、2010年6月10日撮影。画像は南を上にしている（米山誠一氏提供［月惑星研究会］）

ンモニアの雲による反射である。地球でお馴染みの水（水蒸気）の雲もあるが、アンモニアの雲の下に隠れていて普段は見えない。

木星の大きな特徴が表面に見える縞模様である。アンモニアの雲が織りなす造形美だが、縞模様の原因になっているのは、木星の早い自転と雲の変化である。木星の自転は早い。その自転周期は9・9時間。つまり木星の1日は10時間弱である。ガスでできた巨大な木星が地球の倍以上のスピードでぐるぐるまわっているのだから、大気もたまったものではない。気流のスピードが早いのも当然である。この早い気流にのって経度方向の構造がならされ、縞模様ができる。地球でいえばジェット気流のようなものだが、そのスピードは場所によっては秒速100メートルを超えている。ちなみに、このように早い自転のおかげで、木星は赤道部が膨らみ、極方向がつぶれている。その差は約９０００キロメートルもある。小さな望遠鏡でのぞいても上下にひしゃげているのが実感できる。

縞模様ができるもうひとつの原因は、大気の上昇と下降という上下方向の運動に起因する雲の成分変化である。木星でも下層で暖められた大気が上昇気流をつくり、上層部で冷えて下降気流となってふたたび潜っていく。地球でいえば上昇気流は低気圧、下降気流は高気圧になるわけだが、木星の場合にはその上昇と下降がどの緯度で起きるかが、ほぼ決まっている。暗く見える縞（ベルト）の部分が主に下降気流であり、白っぽく見える帯（ゾーン）が上昇気流の部分である。緯度毎に交互に現れる縞と帯とには、それぞれ固有の名称が付けられている。この上昇下降に伴って雲の成分変化が起きて、この縞と帯との色の違いを作っている。ただ、これがどのような変化なのかは未だに謎に包まれている。探査機の結果でも、地上から大きな望遠鏡で詳しく調べてみても、どうして縞の部分が濃い茶色に見えるのかわからない。白く見える帯の部分はアンモニアの氷であることは確かだが、縞の方は硫黄やリンのような不純物が混じっている、あるいは化学変化である種の物質が変化して光の反射の仕方が変わっている、はたまた上昇と下降のときの生成される粒子サイズが違う、などと憶測されている。

縞模様それ自体も不思議だが、それ以上に謎の現象が希《まれ》に起きる。ある時、突然に縞の色が急速に変化して淡くなる現象が起きるのである。これを淡化と呼んでいる。周囲の帯と見分けがつかなくなるほど淡くなる上、さらに不思議なことに、淡化が起こるのが南赤道縞だけなのだ。この淡化はしばらく続いたあと、これまた突然に暗柱《あんちゅう》とよばれる暗い柱が縞の部分に現れ、東西流の流れに乗って急速に縞全体に広がっていく。これを撹乱《かくらん》という。撹乱が発生すると数週間から2ヶ月ほどで元の濃い縞に戻ってしまう。

このような南赤道縞の淡化は10年から30年に一度という、まれな現象であり、観測データも少なく、そのメカニズムもよくわかっていない。1980年代には一度も起きなかったが、1990年と1992年に起きている。今回の淡化は2009年の秋頃から進行していたようで、5月には完全に縞は消えてしまった。いつもの例であれば、2010年中には、再び撹乱が起こるのではないか、と考えられていた。実際、晩秋の11月には、暗柱が現れ、現在は元通りになったのである。最近の木星は異変続きである。大赤斑が縮小しつつあるし、2009年には大赤斑の色に変化が見られている。

縞が淡化中の木星を眺めるチャンスはなかなか無い。なにしろ、木星の表面模様が一変してしまっているのは希であり、また普通の小さな望遠鏡でもこの変化はよくわかる。さらには、大赤斑を取り囲む縞が淡くなるため、相対的に大赤斑が見やすくなる。その意味では、南赤道縞の淡化中は大赤斑にとっては見頃とも言えるだろう。次に同様の現象が起こったら、ぜひ望遠鏡で眺めてみてほしい。

（Vol.56/2010.7.16）

続・木星の異変 ―謎の発光現象―

真夜中の空高く、輝く木星は、さすがに惑星の中でも王者の風格である。堂々としたその輝きは、実に見事なのだが、これは木星が面積を持っているせいで、恒星と違って大気の影響を受けにくく、キラキラとは瞬かないからである。前項のコラム（「木星の異変　縞が消えた」）でもご紹介したが、当時、木星には縞模様のひとつが淡くなって、ほとんど見えなくなっていた。縞模様のうち、最も太く濃い茶色に見えていた南赤道縞が消えてしまったように見える異変である。このような南赤道縞の淡化は10年から30年に一度起きる珍しい現象であり、このときは１９９２年以来のことであった。

さて、この異変が起こっている最中、さらに珍しい異変が報告された。それは２０１０年8月21日の土曜日のことであった。たまたま取材対応で出勤していたときに、熊本の旧知のアマチュア天文家から、立川正之さんという方がビデオで木星を撮影中に、その表面で2秒ほどの発光現象を捉えた、というのである。連絡を受けた筆者は、これは大変なことだ、と思った。

実は、その2ヶ月ほど前の6月3日、オーストラリアとフィリピンのアマチュア天文家が、同じ様な木星表面での発光現象を捉えて、アマチュアとしては世界初と話題になったからである。おそらく小惑星のような天体が木星に衝突して、地球から見えるようなとても明るい流星現象となったものではないか、と思われた。

よく夜空で見られるように、小さな砂粒でも、地球大気に飛び込むととても明るい流れ星となる。たった1グラムの砂粒でも、地球では1等星ほどに輝くとされている。もっと大きな天体で有れば、さらに明るく輝く。隕石が落下するような現象になると、その明るさは満月を軽く超えて、夜であれば、そのあたりが昼間のように明るくなる。実際、はやぶさ探査機の地球大気圏再突入では、探査機本体が流星現象となって最も明るいときには満月の明るさを超えたことがわかっている。実は、この流星現象は大気があれば、どの惑星でも起こっている。火星でも着陸探査機のカメラが偶然に流星を捉えている。そして、特に木星は重力が強い上に、直径も大きいので、流星現象は頻繁に起こっていると考えられる。1994年にはキロメートルサイズの彗星が、群れをなして木星に衝突し、様々な現象を起こした。このときの衝突地点は、地球から見て裏側にあたっていたため、衝突したときの発光そのものは観測できなかったが、2000キロメートルにも達するキノコ雲や、地球のサイズを超えるほどの痕跡が残り、事前の予想に反して、小望遠鏡でもそのすさまじさを目の当たりにすることができた。シュー

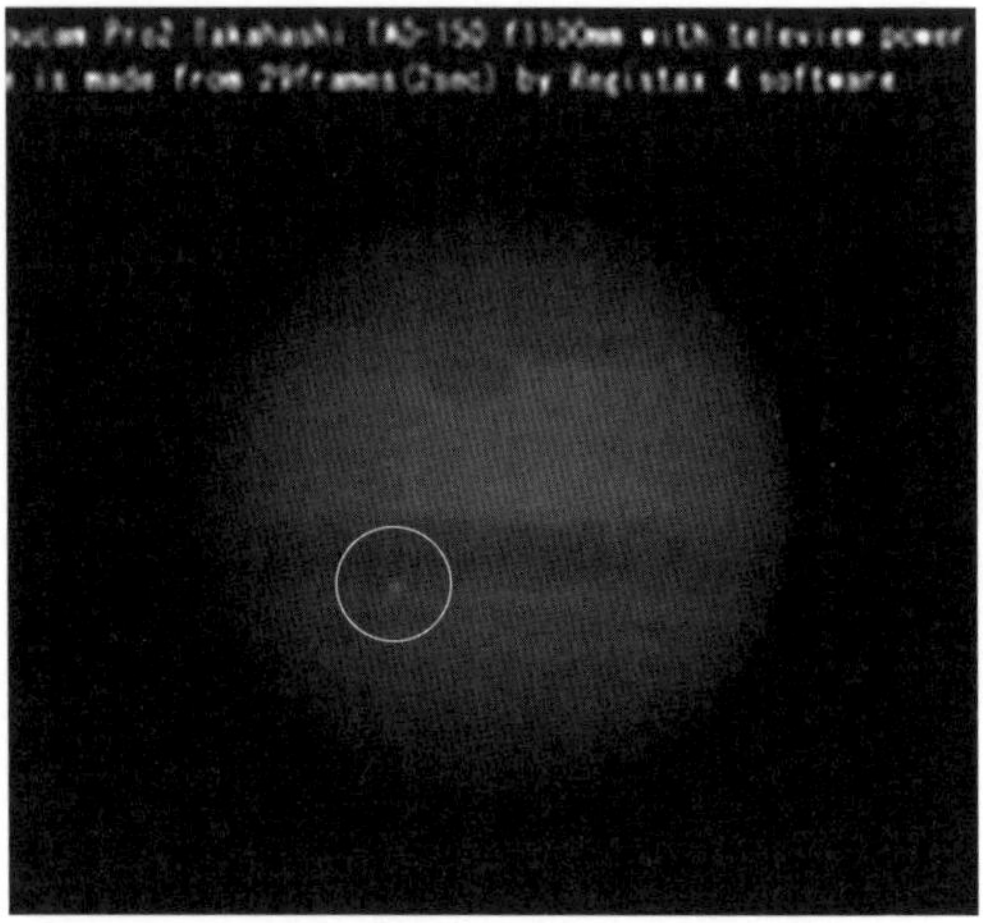

立川正之氏が撮影した木星の発光現象（丸囲み部分）。ちなみに大赤斑（中央上）の緯度にあるはずの濃い縞が無いことも分かる（立川正之氏提供）

メーカー・レビー第9彗星（略称ＳＬ９）と呼ばれた彗星は、衝突して無くなってしまったが、それは強い印象を残したようで、地球にも同じような衝突が起きるかも知れないという実感が、「ディープ・インパクト」や「アルマゲドン」などのハリウッド映画の制作に繋がり、また２００９年にはスキマスイッチというグループが「ＳＬ９」という歌をつくっているほどである。

　それほどではなくても、小さな衝突は起こっているはずである。ただ、これまではそうした小規模な衝突発光は観測されてこなかった。もともといつ起こるかわからないし、どの程度に光る現象が、どのくらいの頻度であるのかも皆目見当がつかなかったので、そんな観測をやろうという人もいなかった。ところが、アマチュア天文家の機材や技術も進歩している。ウェブカメラのような簡単なカメラで木星を撮影し、その映像を合成して解像度の高い静止画像をつくれるようになっている。今回の発光の検出も、そのような試みの中で、たまたま発見されたものである。

筆者は、ともかくデータをもらい、座標を出したりして、国際天文学連合に通報すると同時に、このような快挙はみんなに知ってほしいと思い、ＮＨＫにも連絡をして、８月22日日曜日の正午のニュース枠に入れてもらった。この日はニュースネタが夏枯れだったという幸運もあったが、無事に放送されたことで、多くの人に見てもらうことができた。そのおかげで、なんと同じ時刻に発光を捉えている人が他に３人もいることがわかったのである。日本のアマチュアの底力を見たような気がする。また、筆者はこうした現象は、いままであまり注目されていなかっただけで、結構頻繁なのではないか、と思いはじめている。その後、このような衝突に伴う発光現象は報告されている。いずれにしろ予測ができないので、偶然に捉われることが多いが、２０２０年10月には京都大学の有松亘氏が監視観測を行って、明るい発光の観測に成功した。もしかすると、今夜、あなたが望遠鏡で木星を見ているうちに、発光が見えるかも知れない。

（Vol.60/2010.11.18）

土星にも異変 ―白《はく》斑《はん》出現―

皆さんは天体望遠鏡で土星を眺めたことがあるだろうか。美しい環を持つ土星の姿は、観望会でも最も人気がある天体である。ゆらめく大気の向こうに、絶妙のバランスの大きさを持つ環に、誰しもが感動するはずである。

土星は木星に次ぐ、太陽系第2の大きさを持つ惑星で、本体の外見は木星に似ている。赤道半径は6万キロメートルだが、環は半径の2倍以上の約14万キロメートル、希薄な部分まで含めれば約48万キロメートルにまで広がっている。環は細いリングの集合体で、所々に密度が薄い隙間がある。実際に環をつくっているのは細かい岩や氷の塊で、お互いにはつながっているわけではない。その起源は、かつて土星の周りをまわっていた衛星か、あるいは彗星か小惑星などの天体と思われている。土星の強い重力（潮汐力《ちょうせきりょく》）による破壊か、あるいは衝突破壊によってばらばらになった破片が、お互いに衝突を繰り返しつつ、次第にこのような美しい形になっていったのだろう。

土星の環は太陽に対して27度ほど傾いたまま約30年かけて一周する。そのため、地球は約15年毎に環を真横から見る事になる。このとき、土星の環は地球からはほとんど見えなくなる。というのも環は非常に薄く、せいぜい数百メートル以下だからだ。土星まで13億キロメートルも離れているので、数百メートルの厚さというのは限りなく無限小に近い。たとえれば、東京都心から100キロメートルほど離れた富士山頂の0・1ミリの紙よりも薄いことになる。

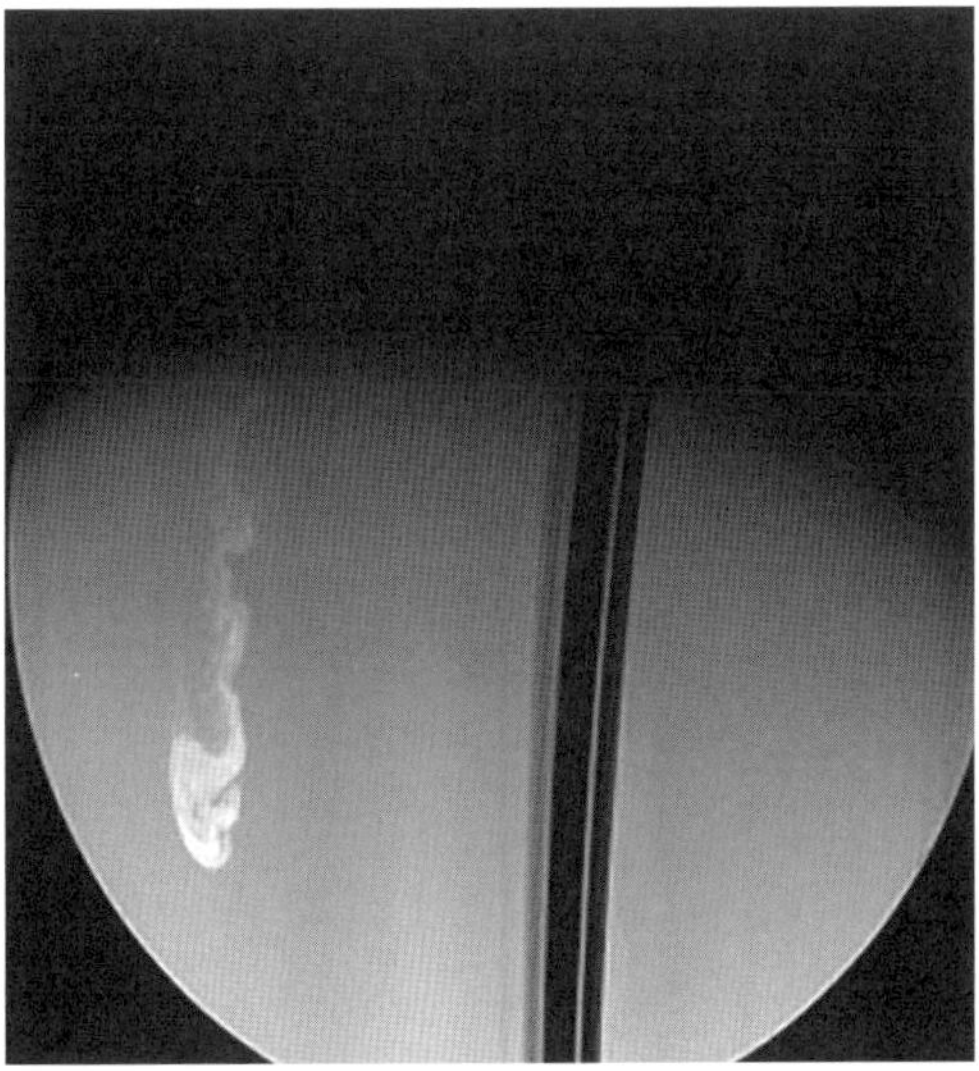

カッシーニ探査機が撮影した土星の白斑
（NASA/JPL/Space Science Institute）

この「環の消失」は2009年に起こった。環が地球から見て、ほぼ水平になり、串団子のような間の抜けた土星の姿となった。それはそれで面白かったし、ほぼ15年ごとにしか見られないめずらしい姿だったが、やはり土星はしっかりと環が見える方がよい。環がかなり開くと、土星らしく見える。

いつ頃の季節に見えるかを調べた上

で、夜空に土星を探してみよう。やや黄色みがかっていて、あまりキラキラと瞬《また》かない落ち着いた輝きの星。これこそが土星である。

天体望遠鏡をお持ちの方は、適切な口径と倍率で、その環を持つ美しい姿を眺めてほしい。もし、望遠鏡をお持ちでない方は、近くの自治体などが運営する科学館やプラネタリウム、公開天文台などでも見せてくれることがあるので、日時を聞いて、訪ねると良いだろう。

面白いことに、木星だけでなく、土星でも希有な現象が起きることがある。２０１０年の末に、土星本体に巨大な白斑が出現したのだ。土星の雲も木星とほとんど同じでアンモニアなのだが、望遠鏡で見る限り、木星よりも変化に乏しく、あまり明瞭ではない。しかし、約30年ごとに、数千キロメートルにも及ぶ巨大な白斑が出現することがある。白斑は出現すると、白い雲が縞模様に沿って東西方向に伸びていく。まるで、土星が白帯を締めつつあるようだ。ただ、この白帯は、写真にはくっきり写るが、非常に淡いため、小型の天体望遠鏡では、なかなか眺めることは難しい。


（Vol.64/2011.3.25）

金星の満ち欠け

金星の満ち欠けは、中学校の教科書にも取り上げられる話題である。月とは異なり、見かけの大きさも変化するので面白い。

金星は地球の内側を公転している内惑星なので、地球から見ると太陽の東西を一定距離の範囲で行き来している。太陽から最も離れるときを「最大離角《さいだいりかく》」と呼び、太陽と重なる方向に来たときを「合」という。金星の公転スピードは地球よりも早いので、金星が地球に近づくときに地球を追い抜くことになる。そのとき、金星は地球に最も近づき、太陽—金星—地球と並ぶことになる。金星が太陽と地球の間にあるので、このときの合を「内合《ないごう》」と呼ぶ。内合を経て、金星は宵の明星から明けの明星へと姿を変えることになる。

ちなみに、合はもう一種類ある。明けの明星となった金星が、どんどん地球から遠ざかっていき、今度は太陽の裏側に回りこんで、再び明けの明星から宵の明星に変わるときだ。このときには、金星—太陽—地球と並び、金星は地球から見て太陽の向こう側にある。そのため、こ

内合直後の金星（2009年4月2日午前11時40分JST、国立天文台・東京三鷹、50cm社会教育用公開望遠鏡で撮影。国立天文台提供）

のときの合を「外合《がいごう》」と呼んでいる。外合の前後に金星を望遠鏡で眺めると、ほぼ満月のようである。

内合のときには金星は地球に近く、外合のときには遠い。そのため、金星が明るく輝くのは内合前後となる。もちろん、内合の前後数日は金星は太陽に近くてなかなか見えないだけでなく、地球から眺めても太陽に照らされた面がほとんど見えない。月でいえば、いわば新月の状態に近くなる。しかし、なにしろ地球に近いので、天体望遠鏡で覗くと、大きな三日月のような形で輝いている。その明るさは太陽や月を除くとマイナス4等を超えて、全天一である。周りに人工的な灯りがないような場所だと、金星の輝きで影ができるのがわかるはずだ。

そして、内合の1ヶ月後、金星は最も明るくなる、最大光輝を迎える。内合後は地球から遠ざかっていくのだが、逆に地球から見て太陽に照らされた面積が増え、天体望遠鏡で眺めると三日月より少し太った形に見える頃が最も明るくなるのである。その明るさはマイナス4・6等。次第に高度を上げながら輝きを増していく金星を眺めることができる。その圧倒的な明るさを誇る明けの明星が、朝焼けの空に輝く姿はなんといっても美しい。しばしば月齢27ほどの細い有明の月が金星に接近して、美しい星景色となる。

金星が最大光輝になると、影ができるどころか、透明度のよい青空であれば、昼でも肉眼で金星を見つけることができる。私自身も宵の明星としての最大光輝の頃に、青空に輝く金星を見つけたことがある。夜に眺める輝きと異なり、昼の青い空をバックにほのかに白く金星の、いささか頼りない輝きを眺めるのも、また天文現象の醍醐味である。

（Vol.79/2014.1.21）

土星の環《わ》を眺めよう

土星は衝《しょう》（太陽－地球－土星がほぼまっすぐに並ぶ位置）を迎えると、真夜中の夜空で輝くようになる。なにしろ、0等級の明るさだから、目立たないはずはない。堂々と落ち着いた輝きで、都会の空でもすぐに探し出すことができる。

さて、ぜひ眺めてほしいのは土星の環である。なにしろ、天体望遠鏡で眺める土星は美しい。漆黒の闇に明るくぽっかりと浮かぶ環を持つ土星の姿は、小さな望遠鏡で眺める天体の中でも、もっとも感動するもののひとつである。

土星本体は木星に次いで、太陽系第2の大きさを持つ惑星である。本体そのものにはあまり変化もなく、模様も見えない。ただ、しばしば急激な変化が現れることもある。2011年には、土星本体に巨大な白斑が出現した（「土星にも異変　－白斑出現－」52頁参照）。約30年ごとに、こうした数千キロメートルにも及ぶ巨大な白斑が出現することもあるが、こちらの方は小型の天体望遠鏡では、なかなか眺めることは難しい。

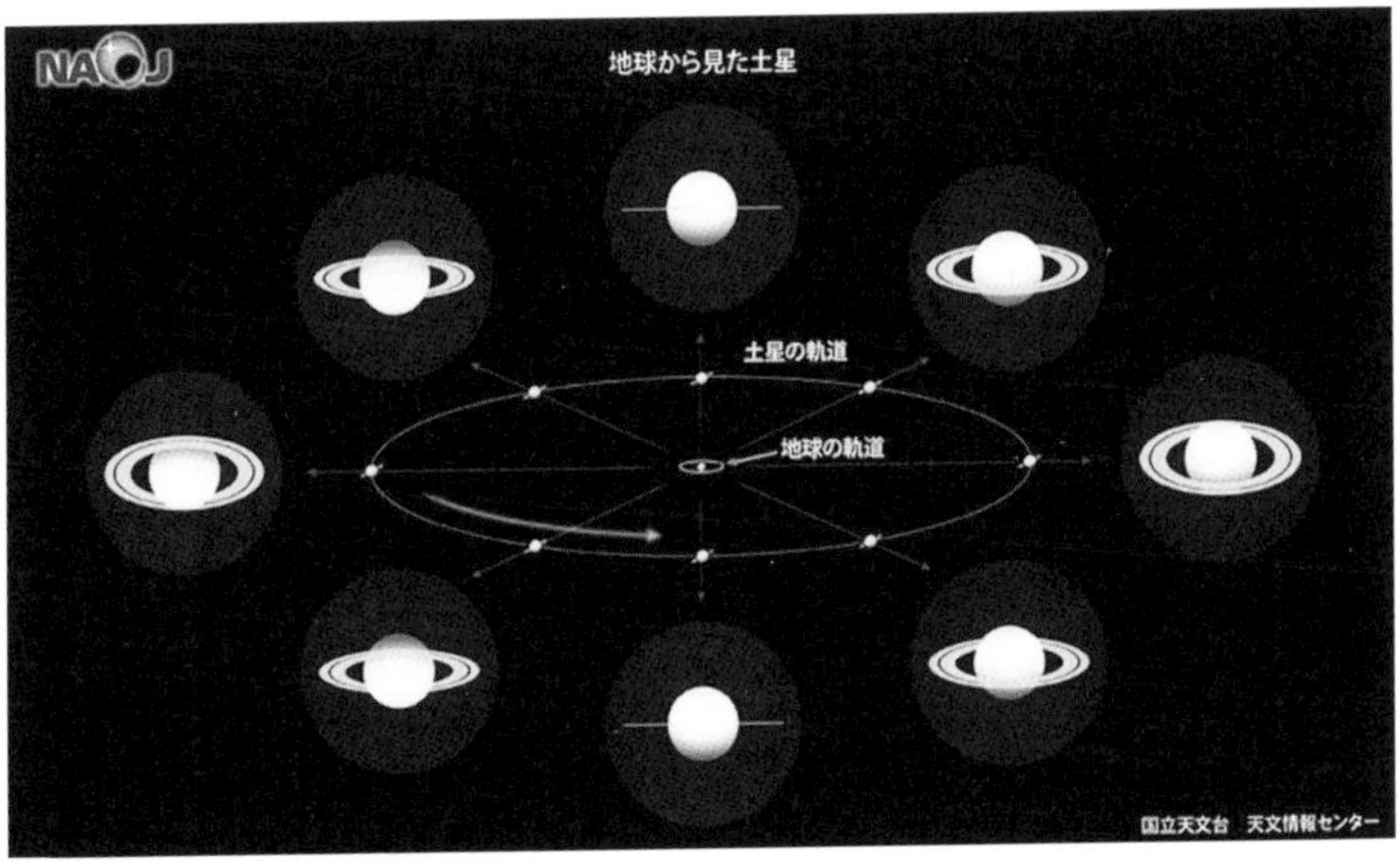

地球から見た土星（国立天文台提供天文情報センター）

そうした本体に比較して、環は誰が見てもわかる壮大な構造だ。本体の赤道半径が6万キロメートルなのに、環の半径の2倍以上の約14万キロメートルもある。この環は細いリングの集合体で、ところどころに密度が薄い隙間がある。実際に環をつくっているのは細かい岩や氷の塊の集合体である。かつて土星の周りをまわっていた衛星か、あるいは彗星か小惑星などの天体が、土星の強い重力（潮汐力）をうけて破壊したか、あるいは衝突によって破壊されたのかもしれない。そういった現象によって生まれた破片が、お互いに大小の衝突を繰り返しつつ、次第にこのような美しい形になっていったとされている。

この土星の環は軌道平面に対して27度ほど傾いている。土星の公転周期は約30年なので、太陽の方向にある地球から見ると、土星の環の傾きが年によって異なる。つまり、大きく傾いて見えるときと、真横から水平に見えるときがあるのだ。水平に見えるときには、ほとんど環そのものが見えなくなる。実は、環は非常に薄く、せいぜい数百メートル以下である。数万キロメートルの幅を持つ環が数百メートルの厚さしかないというのは、限りなく薄いということである。この「環の消失」は２００９年に起こった。それ以来、環はどんどん傾いてきて２０１６年から２０１７年にかけて、かなり大きく開いた環を眺められる時期だった。やはり土星はしっかりと環が見える方がよいものだ。ちなみに２０２５年頃には、また環の消失が起こる。

土星の環を眺めるには、どうしても天体望遠鏡が必要である。この「星空の散歩道」は肉眼で眺められる星座や天文現象を解説・紹介してきたのだが、さすがに土星の環だけは天体望遠鏡を使わざるを得ない。

もちろん、望遠鏡をお持ちの方は、それを取り出して眺めていただければ、と思う。30～40倍の倍率があると、土星がなんとなく楕円形に見える。50倍あると、はっきりと環であることがわかり、口径10センチメートル程度の天体望遠鏡で１００倍程度の倍率で眺めると、美しい環の細かな構造がわかるはずだ。

もちろん、そのために天体望遠鏡を買う必要は無い。近くの科学館や公開天文台あるいはプラネタリウムなどが開催する観望会に参加すれば、見ることができるので、問い合わせてみよう。どうしても、天体望遠鏡がほしいという人もいるだろう。そういう人は、これを機会に良質な天体望遠鏡を買ってみてもよいかもしれない。組み立て式キットだと安いし、仕組みを知る上での勉強にもなる。個人的には星の手帖社というところで販売している「10分完成！　組立天体望遠鏡35倍」が４０００円程度なので、お薦めである。

また、５０００円を少し超えるが、「国立天文台望遠鏡組み立てキット」というのもあり、アイピース（接眼鏡）を変えて、16倍と66倍と両方楽しめるものもある。こちらはビクセンオンラインショップで取り扱っている。

（Vol.84/2014.6.18）

木星の衛星の相互食を眺めよう

２０１５年、とても珍しい天文現象が起きた。木星の衛星の相互食というものだ。この現象は肉眼では見ることができないが、小さな天体望遠鏡があれば観察できるので、取り上げてみたい。

木星の周りには、現在軌道が確定している小さなものも含めると確定したものだけでも70を超える衛星がある。そのうちの４つは、とても大きく、明るいために、小さな天体望遠鏡で見ることができる。今から約４００年前に、これらの衛星を発見したのが、イタリアの天文学者ガリレオ・ガリレイ（１５６４－１６４２）だ。そのために、この４つの衛星はガリレオ衛星と呼ばれている。ガリレオ衛星は、木星に近い順番にイオ、エウロパ、ガニメデ、カリストと命名されている。なかでも最大の衛星であるガニメデは、なんと惑星の水星よりも大きな天体である。イオやカリストも地球の衛星である月よりも大きい。最も小さなエウロパでも、直径は３０００キロメートルほどもある巨大な天体であるさすがに距離は遠いために、これだけ大きいとはいっても地球から望遠鏡で表面の様子を眺めることはできない。しかし、太陽の光を反射して、恒星のように点像として明るく輝く様子は、小さな天体望遠鏡で簡単に眺めることができるのである。特に観察すると面白いのは、衛星たちが毎日、その位置を変えていく様子である。一晩のうちでも時間をおいて見ると、どんどん動いていくのがわかる。なにしろ、内側の衛星イオの公転周期は、わずか1・8日。つまり、木星の東側に光っていたイオが、翌日には木星の西側に移動しているわけである。

こうした動きを観察するだけでも面白いが、実は、それ以上に面白い現象が、ガリレオ衛星の相互食である。

現在、木星の衛星の軌道面は、木星そのものが太陽をめぐる公転軌道面とほぼ一致している。そのために、同じ軌道平面を動く衛星の影に別の衛星が入り込んだり、あるいは地球から見て衛星同士が重なって、かくれんぼしたりしている。衛星にとっては、いわば日食や月食が起こるようなものである。こういった現象をガリレオ衛星の相互食と呼ぶ。相互食が起きるのは6年に一度で、2014年8月から2015年8月にかけて断続的に見られた。相互食が起こる予報時刻に、天体望遠鏡で観察していると、食が起こる時刻になると、衛星の明るさが徐々に変化していくのがわかるはずだ。

日本で観察できる相互食の予報は、インターネットの天文関係のサイトにも掲載されている

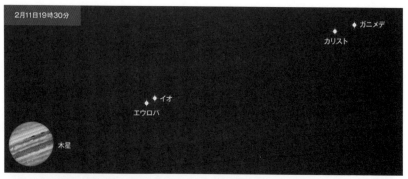

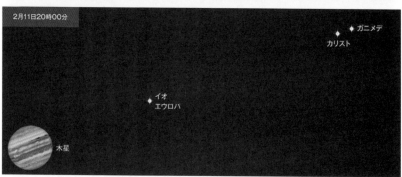

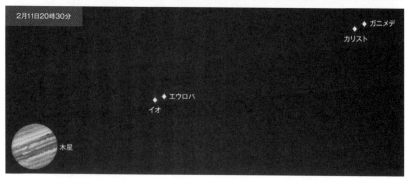

2015年2月11日、上から19時30分、20時、20時30分のガリレオ衛星の様子。イオとエウロパが入れ替わっていて、ガニメデがカリストと近づいているのがわかる（ステラナビゲータ/アストロアーツ）

（例えば、アストロアーツ社の主な天文現象など）。２０１５年1月には25日午前3時48分にイオがカリストの影に入り込み、１・７等も暗くなった。継続時間は14分ほどだ。ちょうど日曜日の朝なので、明け方ではあるが観察しやすい。２月になると、夕方に見やすい相互食が起きた。2月9日19時34分には、ガニメデがエウロパを隠してしまった。継続時間は6分ほど。あっという間の現象だ。２月11日には、20時８分にイオがエウロパの影に（継続時間８分）、22時25分にはガニメデがカリストの影に（継続時間26分）入り込んだ。それぞれ1等ほど暗くなるのが立て続けに見られるダブル相互食である。２月18日には、イオとエウロパのダブル相互食が起こった。22時２分にイオがエウロパに隠され（継続時間7分弱）、22時31分にはエウロパの影に入り込んだ（継続時間８分）。前者は０・６等ほどしか減光しないが、後者では１・２等級ほど減光した。

次にこれらの現象が起きるのは、２０２７年頃になる。天体望遠鏡がないと観察できない現象だが、もし持っている人がいたら、ぜひ引っ張り出して眺めてみよう。

（Vol.91/2015.1.20）

明らかになった冥王星の素顔

2015年7月中旬、アメリカの惑星探査機ニューホライズンズが冥王星に接近し、その素顔を明らかにした。そこでは驚くほど活発な活動があったと推定される証拠が次々と見つかった。これらは多くの研究者の予想を覆すものであった。太陽系の最果ての天体という知名度もあって、多くの方が報道でも目にされたことだろう。なにしろ、かつては「水金地火木土天海冥」という覚え方での最後、太陽系の惑星の9番目、つまり2006年までは最果ての惑星として位置づけられていた天体である。1930年の発見以来、冥王星は惑星であり続けてきたのだ。

その位置づけが変わりはじめたのは、20世紀末である。冥王星の軌道領域に冥王星と同じような天体が続々と見つかってきたのだ。2005年には、冥王星よりも大きいとされる天体も発見された。そして、その天体を惑星と呼ぶのか、それとも冥王星の位置づけを変えるのか、問題になったのである。天文学者の国連である国際天文学連合は、この混乱を収束すべく、7

名からなる「惑星定義委員会」を立ち上げた。筆者は、この7名から成る委員会の一人として、太陽系の天体群を、惑星かそうでない小天体かという2分類ではなく、新たに惑星に準じる天体である「準惑星」というカテゴリーを作った。そして、冥王星の位置づけを準惑星にしたのだ。

ニューホライズンズが接近中に撮影した冥王星の姿。白いハートマークの地形が目立つ（@NASA/Johns Hopkins University Applied Physics Laboratory/Southwest Research Istitute）

これによって冥王星は惑星ではなくなり、太陽系の惑星は「水金地火木土天海」となったのである。（このあたりの詳しい経緯は『新しい太陽系』〈新潮新書〉をお読み下さい。）

その位置づけはどうあれ、冥王星は何しろ遠い。現在の地球からの距離は約48億キロメートル。太陽と地球の距離の30倍以上であり、光でさえ4時間もかかる。しかも冥王星はとても小さい。当時の推定直径は2300～2400キロメートル、つまり3500キロメートルほどの月よりも小さいのだ。小さくて遠くにあるため、その素顔はよく見えなかった。ある程度の明暗模様が表面にあることくらいはわかっていたが、ほとんど謎に包まれたままであった。ただ、表面は46億年前にできあがってから、ほとんど変化してないだろうと予想されていた。表面を変える内部の熱源も少ないと思われていたからである。充分な熱があれば、氷が液体となって吹き出し、溶岩のように覆うことでその表面は更新される。しかし、小さな天体であれば、内部の熱源となる放射性壊変元素の含有量は少なく、火山のような地質学的活動は起こらないはずで、冥王星の表面は古いまま、月や水星のように、表面には衝突クレーターが無数に残されているに違いないと思われていたのである。

そんな事前の予測は、見事に外れた。2006年に打ち上げられ、9年の旅を経て2015年7月14日に冥王星に接近した探査機ニューホライズンズ。搭載された探査機のカメラは、冥王星の表面にかなり新しい領域があることを明らかにしたのである。茶褐色の表面(メタンなどが宇宙線や太陽の紫外線にさらされて、もっと複雑な有機物質になったもの)のところどころに黒い領域や白い領域があった。特にハートマークに見える白い領域には、クレーターがほとんどない。1億年前後というきわめて最近にできた地形のようだ。クローズアップ画像によれば、不思議な模様が目立つ。表面を覆っている一酸化炭素や窒素、メタンなどが冷えて氷として固まるときに、収縮してできたパターンとも思われている。また、黒っぽい古い領域との境界には、富士山級の氷の山々が立ち並んでいる。いったい、どうやってこうした山ができるのか、まだ謎である。いずれにしろ、こうした地形は全く予想していなかったものである。では、いったい熱源は何なのか？　探査により謎が増えてしまった感がある。惑星探査機ニューホライズンズは、あまりにも遠方のため、地球へのデータ転送レートが低く、接近時のデータはこれから一年以上にわたって地球に送り続けた。そして、２００９年1月はさらに冥王星の遠方にある太陽系外縁天体アロコスに接近し、そのふたつの天体が合体したような、雪だるまのような形状を明らかにした。ニューホライズンズは、このまま太陽系を脱出する軌道を進んでいる。

（Vol.98/2015.8.18）

火星にはいまでも水がある？

火星には、これまで水や生命の探査を主眼に多くの探査機が送り込まれてきた。その結果、数十億年前の火星には、現在よりも厚い大気があって、表面を海が覆っていたことが明らかにされている。まず、表面のあちこちに、過去の一定期間、大量の水が流れた痕跡がある。川のような地形のあと、侵食されたV字谷、チャネルとよばれる蛇行した溝状地形や、堆積物が散見される。1997年のマーズ・パスファインダーは一時的な洪水の痕跡を発見した。その後継機であるマーズ・エクスプロレーション・ローバー（スピリットとオポチュニティ）は、2004年に着陸し、岩の表面に平行に刻まれた縞模様の層構造（堆積岩）、干上がるときに結晶化した直径数ミリメートルの丸い球状の石、そして堆積岩中に発見した硫酸塩鉱物などを発見した。特に硫酸塩は海の中の〝にがり〟に代表される、水中でしか生成されないもので、火星に長い間、海があったことが確実になった。

水は、まだ氷の形で火星にたくさんある。大気が薄くなっていく過程で、だいぶ宇宙へ逃げてしまったが、相当量が地下に永久凍土の形で溜まっているのだ。極地方に着陸した、フェニックス探査機は、その地下に氷があることを直接、掘り出すことで証明した。火星周回探査機も、極地方のクレータの底に氷が露出しているのを発見している。

火星探査機が捉えたマリネリス峡谷のクレーター内壁の変化。黒い筋模様が季節によって現れてくるのがわかる
（NASA/JPL-Caltech/Univ. of Arizona）

こういった成果とほぼ同時に、とても興味深い発見もあった。火星を周回しながら上空から観測してきたアメリカの周回機グローバル・サーベイヤーが、少なくとも複数のクレーターの内壁の斜面に、細長い黒い筋状の地形が生まれたことを、数年を隔てた時期に撮影した写真の比較から発見したのだ。火星には四季があるため、暖かくなった時期に地下の氷が溶け、地表へ噴出し、周りの土砂を巻き込んで流れ落ちた痕跡では、と考えられた。さらに、規模は異なるが同じような筋模様でも、季節ごとに現れたり消えたりするものもあることが2010年になってわかっ

火星のコプラテス・カズマの急斜面に見られる黒い筋模様
（NASA/JPL-Caltech/Univ. of Arizona）

てきた。これらは土石流にならないまでも、水が染み出し黒い色をつけているのでは、と考えられた。しかし、そう単純に信じられたわけではない。火星の大気はとても薄く、温度も低いので、水は固体としての氷か、気体としての水蒸気のどちらかになってしまい、液体の状態はありえないからだ。

２０１５年になって、ひとつの発見が、その問題を解決した。４月、火星探査車キュリオシティの研究結果により、火星の地下には過塩素酸塩が豊富に存在することが明らかになったのだ。過塩素酸塩は水と親和性が良い、つまり溶け込みやすい。そして、これらが水に溶けていれば、凝固点が下がって、氷点下以下でも水は液体として存在できることになる。これは朗報であった。10月、さらに決定的な証拠が提示された。黒い筋の部分とそうでない部分の光を詳しく比べてみると、筋の部分には相当量の塩類が含まれていることがわかったのである。つまり、通常は凍っている過塩素酸塩などの塩類を含む氷が、暖かくなって液体となって染み出し、流れているということが証明されたのである。ただ、今回の筋は規模が小さく、地下が水源ではなく、大気中の水蒸気を表面の塩類が吸い付けたのでは、という説もある。さらに極地域の地下には湖があるのでは、という研究結果も公表されている。

いずれにしろ、これまで現在の火星においても液体の水の存在が初めて証明された、という意味では極めて重要な成果なのである。ただ、きわめて劇物のような塩類を含むので、このような液体の水が生命へ繋がるかどうかは、まだまだ未知数である。

（Vol.100/2015.10.22）

地球外生命への発見に期待高まる間欠泉

2016月、アメリカ航空宇宙局（NASA）が、大々的に記者会見を行った。ハッブル宇宙望遠鏡の観測によって、木星の衛星エウロパから水が噴き出しているのを捉えたというのだ。それも、複数箇所からの噴出が撮影されている。

もともと、3年前には分光観測、つまりエウロパの光を分析して、南極域に水蒸気らしき兆候を捉えていたため、水が噴き出しているらしいことはわかっていた。今回は、エウロパが木星の表面を通過するときを狙って、いわばシルエットになった水の噴出の様子を画像で捉えたのである。エウロパは3日と13時間ほどで木星を公転しているが、遠木点《えんもくてん》（軌道上で木星から最も離れた地点）で、噴出が活発になるらしい。その意味では、常時噴き出しているわけではなく、いわば巨大な「間欠泉《かんけっせん》」である。とはいっても、地球の間欠泉の規模とは桁違いである。何せ、その高さは約200キロメートルに達している。きわめて大規模な間欠泉といえるだろう。

同様の間欠泉は、土星の衛星エンケラドゥスでカッシーニ探査機により発見されている。この間欠泉の噴出物の中にはナノシリカと呼ばれる物質が含まれていることが、日本の研究者を含む研究グループが明らかにしている。ナノシリカはケイ素を含む岩石と海水とが、ある程度の温度で反応してできるとされている。つまりエンケラドゥスの海底はかなり暖かい場所があり、おそらく海水と岩石とが接しているのだろう。この状況は地球の深海底とさほど変わらない。地球の場合、熱水噴出口の周りでは、噴出してくるミネラルを栄養源とする微生物、それを食べる動物などがしっかりと生態系を作っている。この生態系には大気も、太陽光も必要ない。状況はエンケラドゥスと同じなのである。このエンケラドゥスの間欠泉の発見は、地球外生命の検出に大いに期待を抱かせるものとなった。というのも、表面の厚い氷を掘り進んで、地下の海に到達する様な探査は不可能だが、表面に吹き出す物質をサンプルする

ハッブル宇宙望遠鏡によって観測された木星の衛星エウロパから水が噴き出している様子（NASA/ESA/W. Sparks（STScI）/USGS Astrogeology Science Center）

NASAが、2020年代に打ち上げを目指しているエウロパ探査機〈イメージ〉(NASA/JPL-Caltech)

のは可能だからだ。噴出物の中に有機物や生命の死骸のようなものが含まれているのではないか、とエンケラドゥスへの探査が早速、検討されはじめたほどだ。

木星の衛星エウロパでの間欠泉の発見は、さらにその期待を大きくさせるものといえる。エンケラドゥスよりもエウロパは大きい衛星なので、地下の海も大きく、地球の海の2倍ほどの水があるといわれている。間欠泉として噴きだしてくるのは、海が確実に存在する証拠だし、おそらくエンケラドゥスと同じように地下の海は暖かいのだろう。そして、なんといってもエンケラドゥスよりもエウロパの方が地球に近い。探査機の燃料も少なくてすむし、到着までにかかる時間も少なくてすむはずだ。その意味で、地下の海の地球外生命探査のターゲットとして、かなり有力となったのではなかろうか。NASAは2020年代にエウロパへの探査計画を検討しているが、その実現に弾みがつきそうである。

(Vol.112/2016.10.21)

II

月

ストロベリームーン ─地平線に近い満月─

夜空で最も明るくて、変化に富む天体、月。皆さんも、そんな月の姿をゆったりと眺めたことがあるのではないだろうか。月を眺めるのは中秋の名月や三日月だけではない。同じ満月でも、その季節ごとに微妙な異なる色合いや表情を味わうのも星空散歩の楽しみのひとつだ。凍えそうな寒空に煌々と輝く寒月。今にも降り出しそうな空に浮かぶ雪待月。春霞のなかでぼんやりと輝くおぼろ月。とりわけ日本人は様々な月の名称を編み出して、愛《め》でてきたように思う。

そんななかでも、私は夏至の頃の、やや赤みがかった満月が好きだ。春から夏の時期の満月は大気中の湿度の影響とともに、地平線からそれほど高く上がらないため、大気の影響で赤みがかることが多く、英語圏ではストロベリームーンとも呼ばれている。

日本のような北半球中緯度では、太陽の高さは冬に低く、夏に高くなる。満月は地球を挟んでちょうど太陽と反対側にあり、またおおまかにいえば、月は太陽の通り道である黄道にほぼ沿って動いていくから、満月の高さは太陽とは逆の関係となる。つまり、日がもっとも高く上がる夏至の頃の満月は高度が低く、日が最も低くなる冬至の頃の満月は高く上がるわけだ。たとえば、東京での6月の満月の高さは、真南にきて最も高く上ったとしても、地平線からせいぜい30度程度。これは、まだ地平線に近い、まるで上ったばかりではないか、と見間違えるような高さといえるだろう。一方、12月の冬の満月の場合には、高さは80度を超え、ほぼ頭の真上にまで上る。まさに「月天心」*だ。同じ気象条件でも高度が低い方が大気の影響を受けやすいので、低い月では、夕日と同じように赤みを帯びるのである。しかも6月前後は湿度が高くなる季節で、夜中でも真っ赤な月になってしまう。

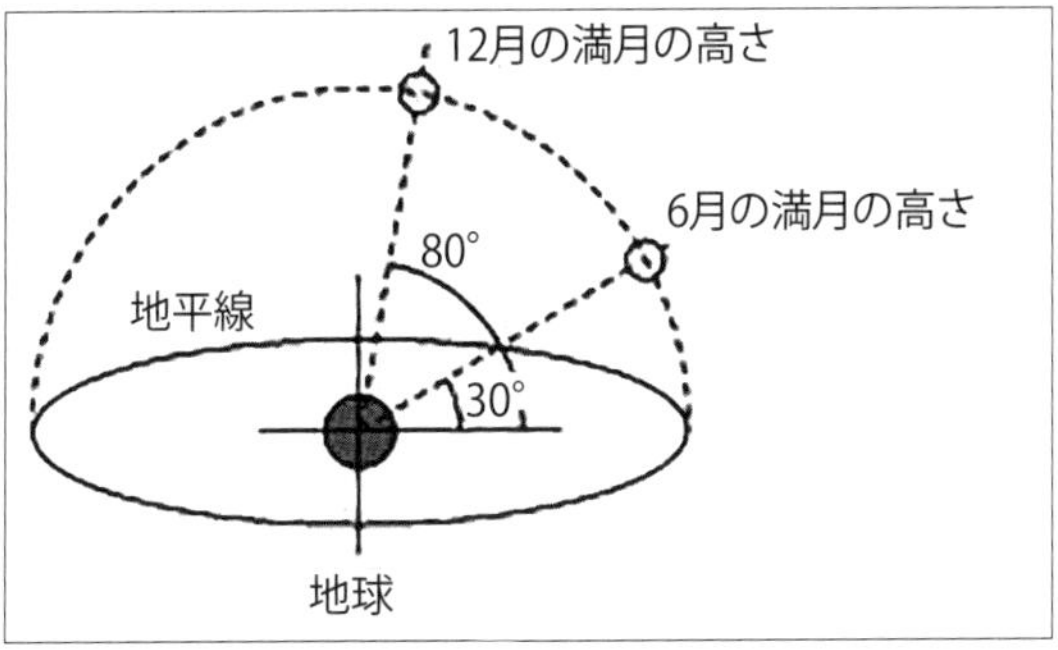

北半球中緯度の月の見え方

これに加えて、2025年はまた少し特別な年となる。さきほど月は太陽の通り道である黄道にほぼ沿って動くと言ったが、厳密にいえば月の通り道は黄道に対して約5度ほど傾いている。なので、月は黄道から5度ほど北に行ったり、南に行ったりする。この月の通り道を白道《はくどう》と呼ぶ。

ところで、白道は黄道に対して傾きを保ったまま、18・6

＊名月が天高く昇っている様子のこと。蕪村の俳句にうたわれた。

年の周期でぐるっと一周する。つまり、月が黄道から北に最も離れる場所、あるいは南に離れる場所は、18・6年ごとに黄道をぐるっとまわるわけだ。ところで、黄道そのものも天の赤道に対して約23度ほど傾いている。なので、例えば月が黄道から最も北に離れる場所が、黄道が最も北寄りになる場所と同じ方向になるタイミングでは、地球から見た月の位置は最も北寄りとなる。赤道からの角度は、黄道が離れる角度23度＋白道が黄道から離れる角度5度の合計となり、天の赤道から28度も北になる。このときには、同じく月が黄道から南に離れる場所は、黄道が最も南よりになる場所と同じ方角になるので、そこでは月は赤道から28度も南よりに位置する。

実は、２０２５年は、ちょうどこの状況になっていて、この6月には前後10年の期間では、少なくとも東京などでは最も南の地平線に近い満月の条件となる。２０２３年の6月21日の夜中、月はへびつかい座で赤道から29度ほど南にあるが、約10年前の２０１５年6月3日の満月は、いて座で赤道から南に19度しかずれていない。例えば、２０１５年6月の満月と比べると、２０２５年の満月が真南に来たときの地平線からの高さは、10度も低い。例えば北緯35度の東京で眺めた場合、２０１５年には高度が35度もあったのが、今年はその高さが26度しかない、ということになる。この差は、かなり大きく感じることであろう。地平線に低く輝くストロベリームーン。あなたはどこで眺めますか？

（Vol.6/2006.5）

月食を眺めよう

月は地球のただひとつの衛星。地球の周りをゆっくりとまわっている。そのため、月は日に日に満ち欠けを起こす。太陽に照らされる半球の見え方が、地球から見て次第に変わっていくからだ。満月というのは、月が地球から見て太陽と反対方向に位置している時に起こる。

ところで、この方向、つまり満月のある方向には、太陽によってできる地球の影が伸びているはず。実は、満月はほとんどの場合、その影の上か下をすり抜けてしまう。なので、通常は何事も起きない。

月は、おおまかにいえば太陽の通り道である黄道に沿って動いているが、正確に言えば黄道とは5度ほど違った白道という通り道をたどっている。地球の影は黄道に沿って伸びていくので、白道上にある月には、普通は落ちないわけである。

ところが、白道と黄道との交点に月がやってくることがある。それと同時に、その場所に地球の影が落ちるとき、すなわち太陽と地球を結んだ線が白道と黄道との交点にほぼ一致すると

月食の見え方の例:2021年5月26日(国立天文台提供)

き(言い換えればその月が満月になるとき)、月食が起きる。この条件はなかなか厳しいもので、実を言えば日食よりも起きる確率は少なくなる。月が地球の影にちょうど入り込むと、地球の影にかかった部分には、太陽の光が届かなくなり、満月が欠けたり、あるいは全体が見えなくなったりする。

地球の影にすっぽりと月が入り込んでしまうのを「皆既月食」、影の中心を通らずに、かすめるように通過して、満月の一部が欠けるのを「部分月食」と呼んでいる。皆既月食という現象は、なかなか美しいものだ。月面が完全に暗くなって見えなくなることは少なく、たいていは赤銅色になってぼんやりと輝く。これは地球大気のいたずらで、太陽光線が大気の屈折で回り込み、本来まったく届かないはずのところにも達するためだ。回り込む光線は、かすめるように大気を通過する途中で、青色から黄色までの波長の短い光が吸収され、最終的に赤色だけが残る。そのために月は赤銅色に輝く。ただ、皆既月食中の月の色は、地球大気の透明度によって変わる。地球の成層圏が汚れていると、真っ暗になってしまうことがある。

1993年6月4日の皆既月食でも、フィリピンのピナツボ火山の大爆発による火山灰が大量に成層圏に舞い上がっていたため、皆既中は月がどこにあるのかさえ、わからなくなってしまった。天文台のグラウンドで、いくら探しても肉眼では見つからなかった。と、グラウンドの向こう側に何か小さな白いものが動いているのに気がついた。「あれ、何だろう?」と言うまもなく、その白いものは一瞬縦に伸びたかと思うと、ふたたび小さくなって動きだした。そのうち、横に移動するのを止め、今度はみるみる大きくなった。いや、大きくなったのではなく、こちらへ向かって走ってくるようだった。その瞬間、その白いものの正体が理解できた。うさぎだったのである。そのうさぎは近づいて、私の周りを何回かぐるぐるとまわると、いきなり私の足にかみついた。たまたま下駄履きで見に来ていたため、うさぎの歯がもろにくるぶしにあたった。「いたっ!」と、声をあげて、足を動かすと、うさぎは名残惜しそうにときどき立ち止まりながら走り去って行った。

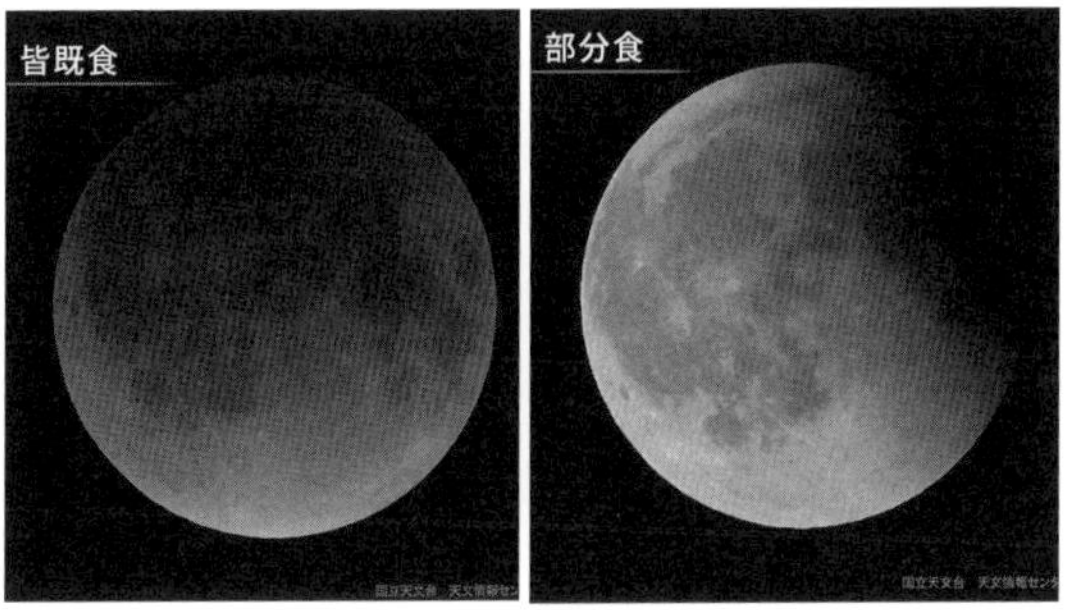

左から、皆既食、部分食の様子(国立天文台提供)

今思えば、そのときの皆既月食があまりに暗くなったために、月に居場所がなくなったうさぎが、そこまで降りてきたのかも知れない。不思議な経験だった。
これから日本で見える月食は、2025年3月14日（部分月食）、9月8日（皆既月食）、2026年3月3日(皆既日食)がある。2029年は元日の皆既日食が起こる。あなたにも、月のうさぎがやってくるかもしれませんよ。

（Vol.9/2006.8）

中秋の名月を楽しもう

三鷹の国立天文台には、まだ雑木林が残っていて、虫の声がうるさいほどなのだが、秋を感じさせる夜風が吹き出すと、音色も夏の虫たちから秋の虫たちに変わってくる。夜空に輝く月の光も冴えてくる。すすきも立派な穂をつけて、いよいよお月見の季節である。

秋の月の光が冴えてくるのは、気温が低くなって、大気中の湿度が下がり、透明度が良くなるから。秋の空は、夏に比べて高く感じるのも、そのせいだろう。また、天文学的には月の高度も関係する。夏の間の満月は南の空に低いのだが、秋になると次第に北の空に動いて行く。そのために、日本のような中緯度地方から見ると、夏の満月は南の地平線に近く、大気の影響を受けやすく、鈍い輝きになってしまいがちである。秋になると、満月は空高く上がるようになるので、輝きが増していくわけだ。

もうひとつ、秋の大事なところは、収穫の季節だ、ということだろう。農作物の収穫を手にして、家路につく夕暮れ時、東の地平線からぽっかりと昇ってくるまん丸のお月様を眺めると、なんともいえない感謝の気持ちが芽生えてもおかしくはない。そう、実は中秋の名月というのは、もともとお月様に秋の収穫物をお供えして、恵みを感謝する行事なのだ。昔の暦（旧暦）で、8月15日の満月のときに行うので、十五夜とも呼ばれている。

この中秋の名月のお月見の風習は、もともとは中国が発祥地で、いまでもアジア各地で受け継がれている。お供えものは、日本ではススキの穂にお団子といった組み合わせがおなじみ。お団子には必ず新米を使うという地方もあるそうだ。元祖・中国では月餅を供え、サトイモが中心。ところで、日本では中秋の名月から約1ヶ月後の満月少し前、旧暦9月13日に「十三夜」のお月見を行うところもあるそうだ。十三夜の方を栗名月あるいは後の月といい、中秋の名月の方は、これに対比させて芋名月と呼んでいる。2回もお月見をする風習は、日本独特のもののようである。

ところで、東から昇ってくるまん丸の中秋の名月を「満月」だと思っている人は、案外多いのではないだろうか。実は中秋の名月は、必ずしも満月と一致するわけではない。月は地球の周りを公転しているのだが、そのスピードは一定ではない。時にはややスピードを上げて、またあるときにはスピードを緩めたりする。これは地球の周りを、まわる月の通り道（軌道）が、正確な円ではなく、ゆがんだ楕円だから。月と地球の距離は平均的には38万キロメートルなのだが、時には40万キロメートルまで遠ざかることもあれば、あるいはまた36万キロメートルにまで近づくこともある。月までの距離は、なんと一割近く違ってしまう。そして、地球に近いときには月はスピードアップし、遠いときにはスピードダウンする。こうして、新月から満月に至るスピードが遅い時期には、十五夜だとしても満月前の月となり、逆にスピードが早い時期には満月の翌日になるわけだ。

さらにもうひとつ、月齢と日付のタイミングも問題となる。新月の瞬間から満月の瞬間までに経過する日数は、平均すると約14・76日となる。中秋は昔の暦で新月のある日を1日として、そこから数えて15日目。だから、新月の瞬間が8月1日の日のうちの、かなり遅い時刻に起こったとすれば、当然8月15日のうちには満月にならずに、16日目が満月となるわけだ。新月になる瞬間が旧暦の1日のどの時刻に起こるかのタイミングによっても、十五夜が満月になるかどうかに影響するわけでだ。

満月（国立天文台提供）

このふたつの理由によって、十五夜は満月前にも満月後にもなり、天文学的な満月とはかならずしも一致しないのである。（実際には、ほとんど満月のように見えるので、違いはあまりわからないが。）

中秋の名月の出は、やや青みの残った東の空にぽっかりとお盆のような月が昇ってくるのが見られる。ぜひ、お団子にすすきをお供えして、昔ながらのお月見を楽しんでみませんか？

（Vol.10/2006.9）

真冬の夜空に月天心

月の上空からハイビジョンカメラによって撮影された「地球の出」の映像を皆さんは、ご覧になったことがあるだろうか。モノトーンの荒涼とした月面の地平線の遙か彼方から、ぽっかりとカラフルな地球が出現する映像である。カメラの開発がＮＨＫだったので、民放ではなかなかお目に掛かれないものの、例えば２００７年末の紅白歌合戦のフィナーレにも使われていた。地球が現れるまでは、月の景色しか見えないため、まるでカメラそのものが白黒ではないかと勘違いするほどだ。だが、その地平線の上に現れた地球を眺めて、カラーだったと納得した人も多いだろう。海の青、雲の白、そしてかいま見える大陸の茶色の取り合わせは、実に見事だ。この衛星「かぐや」には、ハイビジョンカメラを含めて、14もの観測機材が搭載されていた。さまざまな観測装置から、月の謎を解くための様々な結果が得られた。

その頃、月を眺めるたびに私は、「あぁ、あの月の周りをいま日本の衛星がぐるぐるとまわり続けているんだなぁ」と思うようになった。もちろん無人探査機なのだから、感情は持ち合

月の謎が解明される日もそう遠くないかもしれない…
（国立天文台提供）

わせていないわけだが、日本独自の探査機ということもあって、なぜか感情移入してしまう。「地球から約38万キロメートル、ずいぶんと遠くにきてしまったなぁ。あ、そうそう仕事、仕事。こっから撮影した映像を地球に送らないと。」そんな風に思いながら、頑張っているような気がして、いつも月が出ていると、見上げてしまっていたのである。

　ところで、真冬の月を見上げるのはちょっと辛い。寒いだけでなく、高度が高くて、首が痛くなることが多いからだ。というのも、冬の月は一般に空高いところに輝くからである。日本のような北半球中緯度では、太陽の高さは冬に低く、夏に高くなるが、例えば満月は地球を挟んでちょうど太陽と反対側にあるので、その関係は逆になる。すなわち、夏の満月は高度が低く、冬の満月は夜空高く上がるのである。12月の冬の満月は、高さは80度を超え、ほぼ頭の真上にまで昇るほどである。冬の夜空の月の光が冴え渡るのは、真冬の透明な大気のせいだけでなく、その高さにも原因があるわけだ。同じ気象条件でも高度が低い方が大気の影響を受けやすく、地平線に近い低い月は、夕日と同じように赤みを帯びることもある。そのため夏至の頃、6月前後の満月は、夜中でも真っ赤な色をしていることがある。（詳しくは、「ストロベリームーン ―地平線に近い満月―」78頁を参照のこと。）

冷え込む真冬の夜空、ほとんど真上に輝く月のことを、月天心《つきてんしん》と呼んでいる。天心とは、空の真ん中、つまり天頂という意味で、月が天頂付近に煌々と輝いている様子を表す言葉である。歌手の一《ひと》青《と》窈《よう》さんの歌のタイトルにもなっている。また、与謝蕪村にも「月天心貧しき町を通りけり」という句がある。おそらく夜中だろうか、真上に月が輝く中を、貧しい家々の立ち並ぶ灯りもない町を通ると、ひっそりと寝静まっている、というところだろうか。当時は電気も街灯もなく、夜景の明るさはまさに月明かりだけが決めていた時代であった。月天心の灯りに照らされる村落の様子が目に浮かぶような秀逸な句である。

ぜひ実際に冬の夜空に輝く月天心を、眺めてみてほしい。

（Vol.26/2008.1）

十六夜《いざよい》を眺めよう

日本人の月とのおつきあいは、他の国に比べても、かなり親密なようだ。西洋では月の光はあまりいい印象を持たれていない事が多い。代表はヨーロッパの狼男だろう。満月の光でオオカミに変身する伝説だ。夜、出歩くと危険な時代に、子どもに聞かせる話としてはたいへんいいのだが、そういった教訓話でも、日本では月の光で変身する妖怪変化の話は、少なくとも筆者は聞いたことはない。月の光があるときには、その光で夜歩きもできるので、むしろ好意的な印象がある。

その意味では、月のイメージは日本では良い上に、信仰や風流の対象となって親しまれてきた。代表的な行事がなんといっても、お月見であろう。以前にも紹介した、実りの秋の時期、その収穫物を供える「中秋の名月」が、お月見の代表である。この旧暦8月15日の十五夜の行事は、もともと中国を起源とする収穫祭として輸入され、平安以降は貴族の間で雅楽の演奏や舞などを催すなど一種のイベントと化し、民間にも広まっていった。

一方、中秋から約1ヶ月後の満月少し前、旧暦で9月13日に行われる「十三夜」のお月見もある。この十三夜の発祥は定かではない。十五夜のお月見の頃に天皇が崩御し、その年はお月見ができなかったためという説や、十三夜の月に対応するのが、虚空蔵《こくうぞう》菩薩であったため、真言密教や修験道の方面から広まったという説もある。十五夜で招いたお客人を、九月十三日の十三夜にも招く習わしになっていたようで、十五夜だけ観月をするのを、片見月と言って忌み嫌われたらしい。一方、中秋の名月より1ヶ月ほど遅れた、この時期には、かなりの地域で稲刈りが間に合うようになり、米の収穫祭としてのお月見という目的は達成できることは確かである。十三夜のほうは栗名月あるいは後の月といい、中秋の名月の方は対比して芋名月ともいう。この時期のお月見の風習は、筆者が知る限り、日本以外の他の国には見あたらない。本居宣長などの江戸時代の国学者らも日本独自の風習と考え、好んで十三夜の月見をしていたらしい。

ところで、月齢が大きくなればなるほど、月の出の時間は遅くなる。十三夜の月は十五夜に比べて、昇ってくる時間が早めである。しかも、十三夜のお月見は十五夜に比べて約1ヶ月も遅い時期となるので、ぐっと寒くなる。そのため、確かにこの時期には、月齢が若い方が鑑賞するには都合がいいのだろう。

ちゃんと調べたわけではないが、月齢ごとに別名があるのは、ポリネシアと日本くらいでは

平安時代ごろ貴族からはじまったとされる観月の行事（楊洲周延「吉野皇居月見御筵之図」『風俗三十二相』明治21年、国会図書館蔵）

なかろうか。しかも、日本では月の出を待つ様子が月の別名になっている。たとえば、十五夜への期待をふくらませる、前夜の月を「小望月《こもちづき》」と呼ぶ。悪天候で十五夜が見えないときは、「雨月《うげつ》」とか「無月《むげつ》」と呼び、見えなくても名前を付けるところはすごい。また、十五夜の翌日の十六夜は「いざよい」と読む。いざよう、というのは古語でためらうという意味である。十六夜の月は十五夜に比べて、40～50分ほど遅く昇ってくる。その遅い月の出の様子が、月を待っている貴族たちには、まるでためらいながら昇ってくるように思えたのだろう。さらに十六夜の翌日の十七夜の月を立待月《たちまちづき》、十八夜は居待月《いまちづき》、十九夜は寝待月《ねまちづき》、あるいは臥待月《ふしまちづき》ともいう。それぞれ、月の出を待つ貴族たちの様子を表したもので、十七夜くらいなら、立っていても待っていられるが、十八夜だと月見台に座って、十九夜だと寝ころんで待っていた様子を表す。ちなみに、二十夜を更待月《ふけまちづき》と呼ぶ。夜が更けるのを待って上がる月という意味である。いずれにしろ、昔の人は、よほどお月見が好きで、月の出を待ちこがれていたかが、わかる名前である。
　和歌、俳句のたぐいは数え切れない。信仰だけではなく、風流、風雅の対象としても月は日本人の心に深く影響している。月に関することわざや商品、お酒も多いのは周知の通りで、日本人がいかに月を愛でてきたかという証拠であろう。

（Vol.46/2009.9）

月に魅せられた日本人

すすきに満月は、昔から日本人の心をひきつけてやまない。

中秋の名月の時期。東から月が昇ってくるのにあわせて、すすきにお団子のお供え物をして、お月様にお祈りするご家庭もあるのではないだろうか。

日本は、中秋の名月をはじめとして、月を眺める文化が根付いていた。中秋の名月そのものは中国由来だったが、その1ヶ月後の十三夜の月を眺める風習は日本独自のものだし、江戸時代にはさらに二十三夜や二十六夜の月の出を待つ風習もあった。また、「竹取物語」に代表されるように、多くの文学にも記され、信仰や風流の対象とされてきた。身の回りにも、月を模したお菓子や、食品類も多々ある。

極めつけは、日本には月の別名がとても多いこと。なにしろ、月齢ごとに別名がある。三日月はさすがに英語でもCrescent（フランス語ではCroissant：クロワッサン）と名前があるが、満月前後の月の月齢に細かく名前があるということは欧米ではない。それどころか、狼男に代表されるように、もともと満月にあまりいいイメージはもっていないようだ。英語でlunatic といえば「気がふれている」という意味になる。このようなニュアンスの呼び名は、日本ではあまり見かけない。

すすきに満月は昔から日本人の心をひきつけてやみません

前回は、小望月、雨月、無月、立待月、居待月、寝待月、など様々な月の別名を紹介したが、それら以外にも、田毎の月とか、朧月とか、寒月とか、水月、湖月など、それだけで本ができるほど、たくさんの名前がある。伊集院静さんの直木賞受賞作である『受け月』などが代表だが、新しい名前も生み出され続けている。

ところで、月を愛するばかりに月という名前を持つ日本酒や、有名なお菓子もたくさんある。しばしばそんなお菓子を手にすることも多いのだが、あるとき、北陸の方からお土産に「月よみ山路」なる栗ようかんを頂いたことがあった。筆者は栗も大好きなので、喜んだのだが、その名前にも感激した。これは良寛和尚の歌、

「月よみの　光を待ちて　帰りませ　山路は栗の　いがの多きに」

に由来していることは間違いなかった。月が昇るのを待ってから、帰っては如何でしょうか？山道は栗のいがも多いので危なかろうという歌である。こちらの和歌も私は好きなのだ。月の光を生活に実際に活用していた時代ならではの歌だなぁ、としみじみ思うからだ。この和菓子店のある石川県小松市には駅前に科学館があって、そこのアドバイザーをさせていただいているのも不思議な縁だ。

こうしたことを考えると、日本はつくづく月を愛でてきた文化を持つのだ、としみじみと感じる。皆さんも、ぜひわれわれの先人たちが眺め、愛でてきた月を、中秋の名月を契機にして、じっくりと見上げてみてほしい。

（Vol.75/2013.9.12）

栗名月と、その起源の謎

中秋の名月だけじゃない、美しい秋の月。

前項では「月に魅せられた日本人」というタイトルで、お月見の話をご紹介したが、なかでも日本独自なのが中秋の名月から約1ヶ月後の十三夜のお月見である。前月よりもさらに大気は清涼になり、月の明かりもまぶしいと感じるほどだ。

この十三夜のお月見は古くから行われていたようなのだが、日本にしかない風習である。本居宣長などの江戸時代の国学者らも日本独自の風習と考え、好んで十三夜の月見をしていたようだ。最盛期には、十五夜で招いたお客人を、9月13日の十三夜にも招く習わしになっていたらしいことは前にも述べた。

ただ、その起源となると、実は諸説あって、あまりよくわかっていない。朱雀天皇が崩御し、その御國忌を避けて十三夜のお月見をしたことから始まったという説や、十三夜の月に対応する神様が虚空蔵菩薩であったため、真言密教や修験道の方面から広まったという説もある。

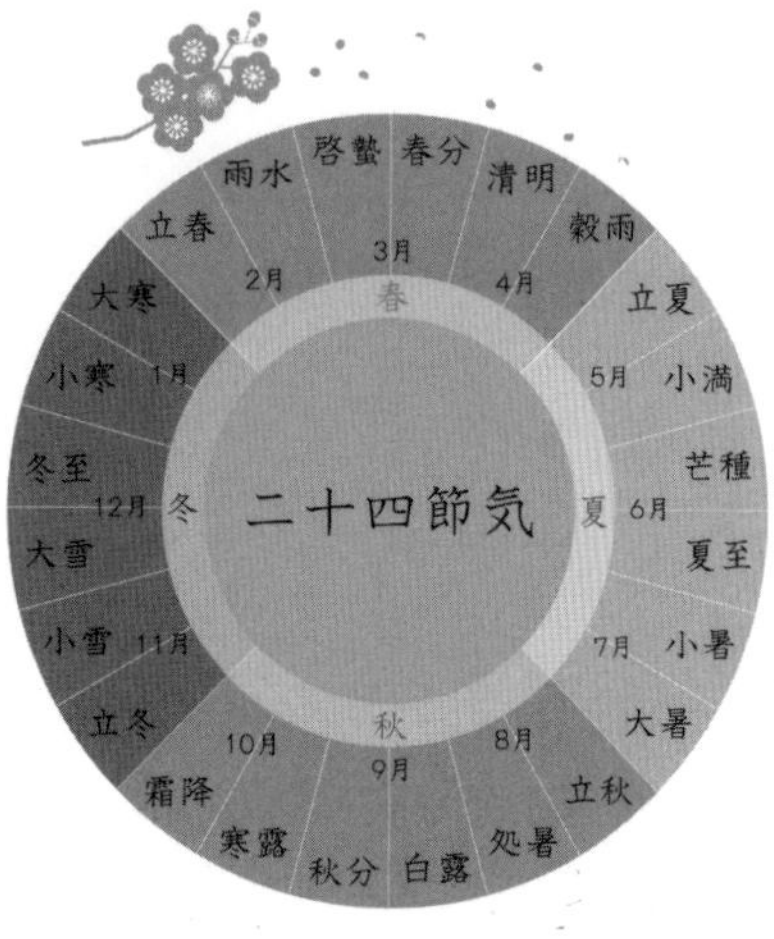

黄道を24等分し、太陽の位置により季節の名称が定められた二十四節気

収穫祭としての十五夜には、秋の農産物、特に米の収穫祭としてのお月見という目的もあるが、お団子に新米を使うとすれば、稲刈りが間に合わないところもある。とすれば、十三夜を行うことで、収穫祭のお月見という目的は達成できる。民間に広まっていった十三夜の風習には、そういった意味もあるかのも知れない。

また、徒然草には、「八月十五日、九月十三日は、婁宿《ろうしゅく》也、此宿清明なる故に、月をもてあそぶに良夜とす」とある。これは、もともと中国起源の星座（宿）を暦注として、それぞれの日に割り当てる習わしに由来しているものだ。宣明暦のような古い暦では二十七宿を採用しており、八月十五日と九月十三日は同じ婁宿となっていた。ただ、これは暦が変わると成り立たない。実際、渋川春海が作成した貞享暦以後は、暦注には二十八宿が採用され、十五夜も十三夜も必ず婁宿にあたるという関係が成り立たなくなった。江戸時代の滝沢馬琴の俳諧歳時記には「或は兼好が婁宿の説の如き、又信とするに足らず」と書かれているし、「隣女晤言《りんじょごげん》」

にも「十三夜　九月十三夜は、婁宿にあたれるによりて晴明なるよし、つれづれ草に書たれどさにはあらず」などと記されている。徒然草が書かれた1330年頃には、星座としての婁宿は確かに二十四節気の清明付近となっているが、これもたまたま歳差の関係でそうなっているだけである。では、十三夜の月が星座の婁宿にあるのかといえば、そうでもない。もともと十三夜が鑑賞されるようになった頃とされる延喜19年（919）には、十三夜の月は壁宿《へきしゅく》のあたりにあるので、これも的外れだ。やはり、婁宿起源説はかなり分が悪いといえるだろう。

その起源がいずれにしても、秋の月は美しいものだ。秋の味覚、特に栗の採れる季節だから、栗名月とも呼ばれている十三夜。ぜひ秋の味覚を味わいながら月を愛でてみたいものだ。

（Vol.76/2013.10.16）

月面にアルファベットを探してみる

昔から見慣れている天体でも、時代が変わるとその楽しみ方も変わってくることがある。その代表といえば月だろう。いにしえから多くの文人が表現してきたこともあり、肉眼で見た美しさは言うまでもないが、天体望遠鏡の時代になると、その表面にたくさんのクレーターや海や山脈やらを眺めることができるようになって、天文ファンのいわば入門天体となった。大小様々のクレーターが折り重なっている様子を子細に観察していると、実に興味深く、時間を忘れて、いくらでも眺めていられる気がしてしまう。

ただ、月は天文ファンにとっては入門天体のひとつではあるが、ファン度が進むと次第に邪魔者扱いされるようになる。なにしろ、月の明るさが他の淡い天体を見えづらくするからだ。満月近い月明かりは、肉眼で見える天の川や、星雲など淡く広がった天体を見えにくくしてしまう。流星群でも、暗い流星がかき消されてしまうため、月明かりがあるときには観察条件が悪くなる。ただ、ファン度がさらに進み、一応いろいろな天体を楽しんだ後、次第に歳を取ってくると、邪魔者としていた月を再び楽しむようになってくることがある。なにしろ、それほど暗い夜空に移動して眺める手間もなく、都会でも、家でも手軽に楽しめるからだ。月を眺めながら、杯を酌み交わすなどというしゃれた楽しみ方も可能だ。筆者はしばしば、その様子を「天文ファンは月に始まり、月に終わる」ということがある。（いわゆる釣り仲間がいう「鮒に始まり鮒に終わる」の天文版のつもりだが、若干ニュアンスが違うという声もある。）

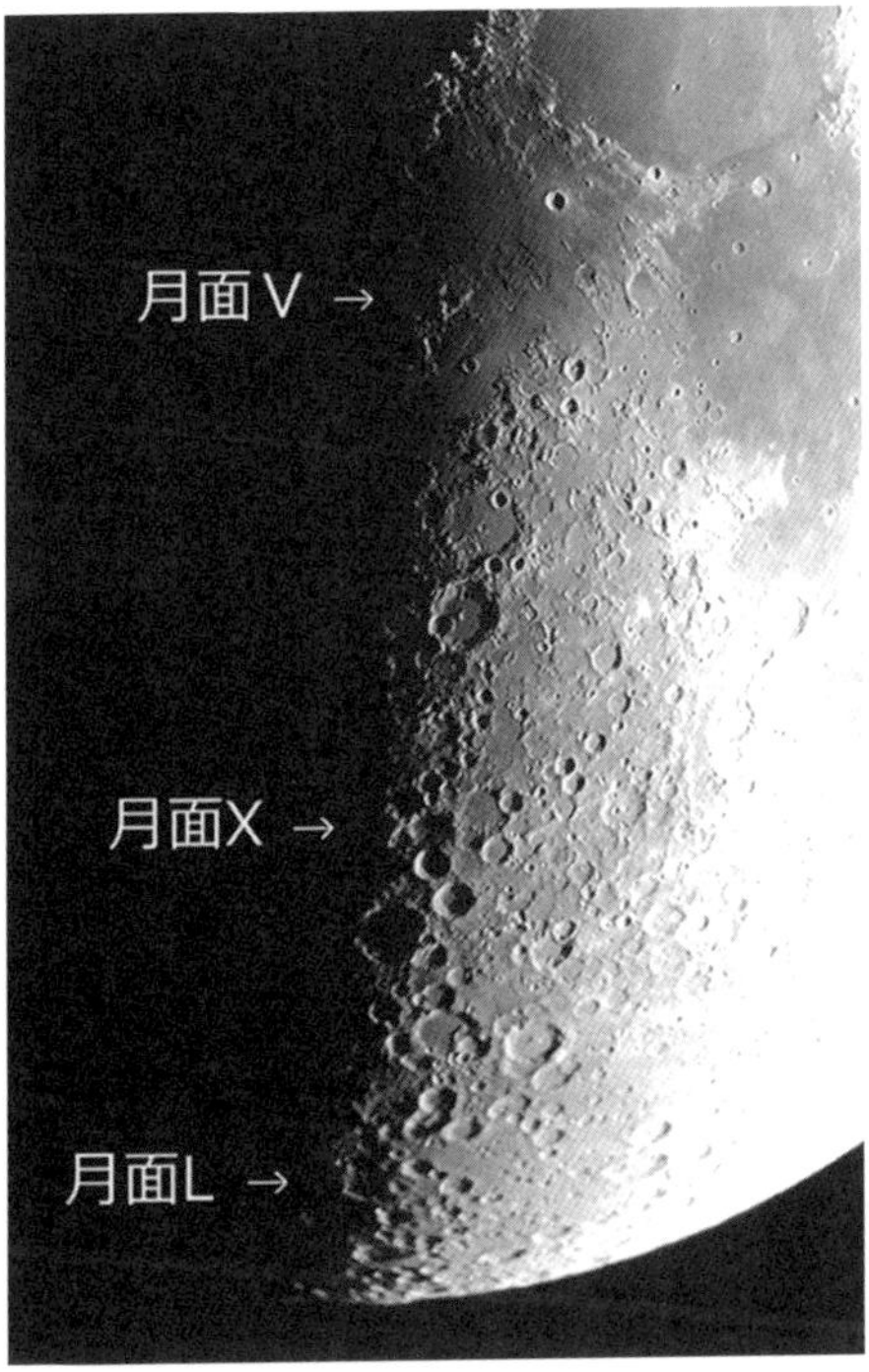

2018年3月24日に撮影された月面X、月面V,そして月面L（えひめ星空キャラバン隊提供）

ところで、最近になって、月の楽しみ方にも変化が起きている。表面に特定のアルファベットが見えると世界的に話題になったからだ。その文字というのがAだったり、Vだったり、Xだったりする。しかも、いつも見えるわけで無く、特定の月齢の、限られた時間だけ現れる。こうした文字に見える場所は、クレーターの縁の盛り上がり具合や、複数のクレーターの重なり具合が絶妙らしく、そこに太陽光が斜めから当たりはじめる時期、つまりその月面上の場所で、日の出を迎える時期に現れる事が多い。日が昇りすぎると、全体が明るくなって文字が消えてしまうのだ。文字として見えるのが数時間と限られるため、毎月のように見えるわけではない。その意味では、かなり珍しい現象といえるだろう。

いまでは表面にアルファベット模様が見える日時の予報が出されたりしており、ちょっとしたブームとなっている。特に、以前から知られていたのはAで、満月の少し前に西側の縁に見えることがある。Aよりも見えやすいのは、上弦の頃に見えるXだろう。どちらも知られるようになったのは比較的新しく、ここ10年ほどである。なかでもXは明瞭で見やすいので、「月面X」などと呼ばれて、親しまれるようになっている。このXが見える前後にVの文字も見えることがある。

さらに、最近驚くべき報告を受けた。月面Xと月面Vが見えるときに、さらに南側にLという文字がみえるというのだ(前頁図版)。発見したのは愛媛県のアマチュアの方々である。写真を見る限り、確かにLに見える。さらにEも見えることも明らかになった。そこで、それにクレーターの丸いOを含めて、月面LOVEなどと呼ばれるようになりつつある。つまり、この月齢の時期には、月面の上にXを含めて5つのアルファベット模様が同時に見えることになる。同じ月齢でも、月は微妙に向きが変化しているので、全く同じ条件とはならないのは残念だが、月そのものは望遠鏡があれば眺められるので、ぜひ予報が出る日時を狙って挑戦してみてほしい。

（Vol.132/2018.6.25）

Ⅳ

系外惑星

地球によく似た惑星、ついに発見？

地球のような惑星は、どこかにあるのだろうか？　そういった惑星があったら、果たして地球と同じように生命は、そして宇宙人はいるのだろうか。天文学者だけでなく、おそらく読者の皆さんにとっても興味のあるテーマだろう。後のほうで、球状星団の中の青い星の存在が、〝宇宙人〟の証拠ではないか、というロマンあふれる仮説を紹介するが、そう、地球とよく似た（はずの）惑星の存在が明らかになったのである。

実は、これまで天文学者は、太陽以外の恒星の周りにある惑星（系外惑星）を次々と発見している。その数は、1995年の最初の発見から増え続け、すでに数千個となっている。ただ、これまで発見された系外惑星のほとんどは木星のようにガスが主成分の大きな惑星であり、地球とは異なり地面を持っていないものばかりであった。発見手法の限界が、その理由である。

もともと惑星の光はあまりにも微かなので、直接は見えることはない。東京から100キロメートル離れた富士山頂に電球をおいたとする。その電球の光が、恒星だとすれば、惑星の光は、その電球の周りを飛びまわる蚊の光にも満たない。望遠鏡で富士山頂の電球は見ることはできても、蚊を見分けることはできないのである。

そのかわり、惑星がまわっている中心の星の光を注意深く観察する。つまり、電球そのものを観察するのである。惑星がその星をまわるたびに、星の光は、ほんのわずかに揺らぐ。

地球に似た系外惑星が発見された恒星グリーゼ581（画像中央）（国立天文台提供）

この揺らぎの周期と大きさを観測することで、「間接的に」その恒星の周りをまわっている系外惑星の重さや周期がわかるのである。この手法では系外惑星が大きければ大きいほど、恒星の揺らぎも大きくなって見つけやすくなる。そんなわけで、初期に発見された系外惑星のほとんどは、地球の十倍も百倍もある木星型の巨大なガス惑星ばかりだったのだ。

それでも天文学者は観測装置の改良を続け、もっと微かな光の揺らぎまで捉えられるようになってきた。そして、年を追うごとに、発見される系外惑星の質量はどんどん小さくなっていった。2004年には、ヨーロッパ南天天文台が、地球の14倍程度の惑星を、さらに翌年にはカリフォルニア・カーネギー惑星探査チームが、地球の5・9~7・5倍程度の惑星を発見したのである。このレベルになると、地球のように表面が岩石で覆われている地球型惑星ではないか、と期待も高くなってくる。

ところが、これらの惑星は地球と同じように水の惑星になっているかというと、残念ながら、これまではそうではなかった。あまりに恒星に近すぎて、熱すぎるのである。カーネギー惑星探査チームが発見した系外惑星の表面温度は摂氏200度から400度と考えられるのである。これでは表面が熱すぎて、水は蒸発してしまっているはずだ。地球型の惑星が表面に水をたたえるような環境となるためには、地球型であり、なおかつハビタブル・ゾーンと呼ばれる領域になくてはならない。ハビタブル・ゾーンとは、惑星の表面にある水が液体の状態でいられるような領域を指す。いってみれば「生命存在可能領域」で、中心の恒星からの距離が適切である必要がある。太陽系でいえば、地球の軌道近傍が、それに相当する。

チリにあるヨーロッパ南天天文台の望遠鏡で、2005年に発見された新しい惑星は、地球質量の5倍程度、大きさでいえば地球の1・5倍程度と思われる系外惑星であった。この惑星はてんびん座の方向、20・5光年の距離にあるグリーゼ581という恒星の周りを約13日周期で公転している。この大きさだと地球のように表面が岩石で覆われている地球型惑星の可能性が非常に高い上に、ハビタブル・ゾーンに入っている可能性が高いのである。

グリーゼ581という恒星は、質量が太陽の三分の一ほどの、小さくて赤い、低温の恒星である。星の温度を考えると、この惑星の軌道付近では、その表面温度が摂氏0度から40度程度となる。つまり水が存在する惑星の条件に合致するわけだ。地球型で、なおかつ水が存在できる生命存在可能領域にある、という両方の条件を満たす系外惑星の発見は初めてであった。

もともと、この星の周りには海王星程度の質量の系外惑星がすでに見つかっており、また同時に地球質量の8倍程度の系外惑星の存在の兆候もつかんでいるらしい。つまり、この恒星の周りには少なくとも3つの惑星が存在しているようだ。

果たして、この惑星の表面は地球のように海があるのか、そして生命は存在するのか。まだ、その惑星そのものを詳しく調べる技術はないが、期待が高まることは間違いない。どうやら、宇宙には少なくとも地球によく似た惑星がかなりの数で存在することは確かなようだ。

（Vol.18/2007.5）

ついに見えた系外惑星

2011年の天文界のトップニュースといえば、なんといっても系外惑星の直接撮像の成功ではないだろうか。太陽系以外の恒星の周りにも惑星が存在することが明らかになったのは、1995年のことだった。ペガスス座51番星の周りに、木星型惑星が発見され、以後、続々と発見され続けており、すでにその数は数千を超えている。これらは、太陽系以外の恒星の周りの惑星という意味で、系外惑星と呼んでいるのだが、これまでの発見はすべて間接的なものであった。前項、「地球によく似た惑星、ついに発見？」でも紹介したように、惑星はあまりに暗く、直接捉えることはできていなかった。その一節を、再掲しよう。

「惑星の光はあまりにも微かなので、直接は見えることはない。東京から100キロメートル離れた富士山頂に電球をおいたとする。その電球の光が、恒星だとすれば、惑星の光は、その電球の周りを飛びまわる蚊の光にも満たない。望遠鏡で富士山頂の電球は見ることはできても、蚊を見分けることはできないのである。」

だが、やはり直接、その姿を捉えたいと誰もが思う。

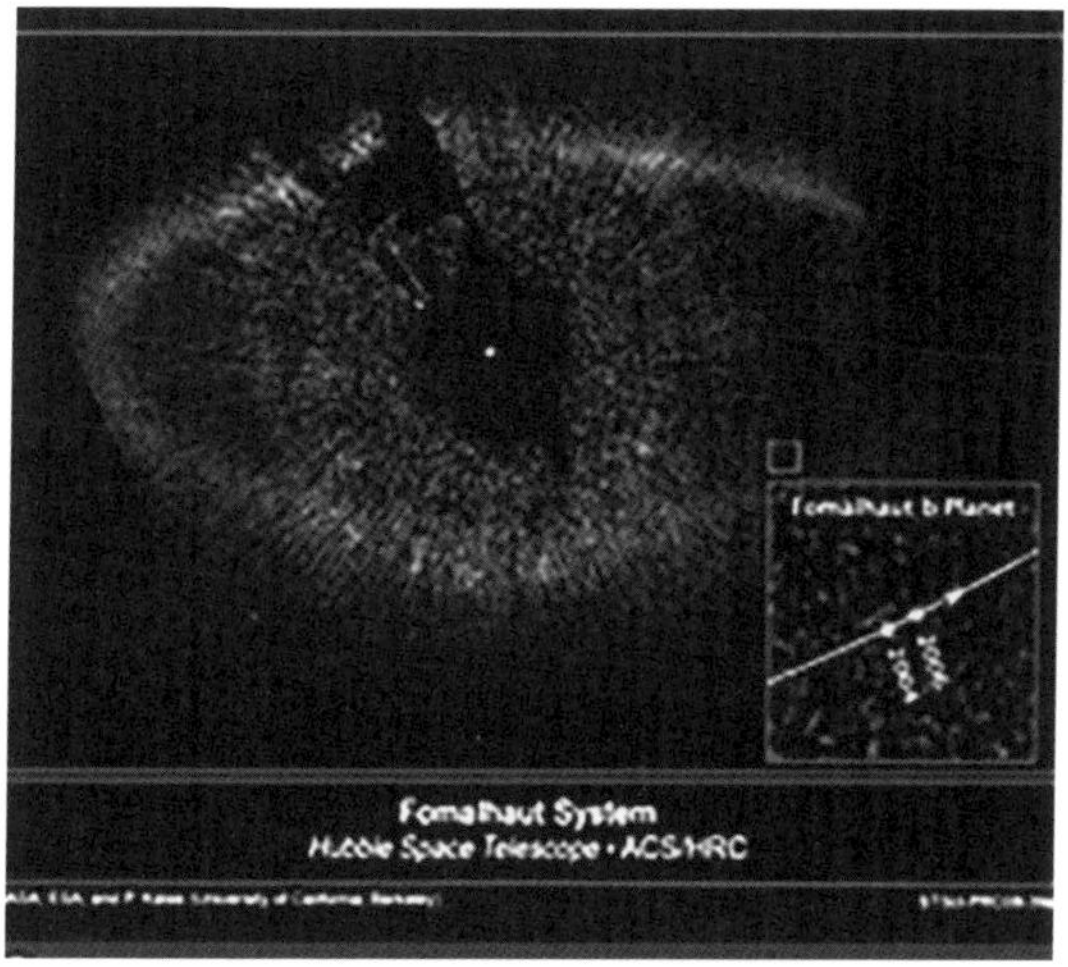

みなみうお座のフォーマルハウトの周りを回る系外惑星を、ハッブル宇宙望遠鏡が直接捉えた（NASA, ESA, and P. Kalas University of Clifornia, Berkepey）

世界中で、「誰が直接捉えるか」レースが始まっていた。もちろん、こういった先陣争いには、勇み足も起きやすい。１９９８年5月に流れた、ハッブル宇宙望遠鏡で「系外惑星を直接撮影した」というニュースは、かなりセンセーショナルだった。おうし座のＴＭＲ－１と呼ばれる連星を赤外線で観測中に、連星から細く長いガスが糸のように伸び、それがかすかに光る天体につながっていたのである。この天体が、原始惑星ではないかとされたのだが、なにしろ連星から約１４００天文単位も離れていること、かなり明るいことなどから、後の観測で惑星ではないと否定されてしまった。さらに、2005年には、ヨーロッパの研究者らによって、おおかみ座GQ星の周囲の「惑星候補天体が直接撮影された」というニュースがあったが、これはあくまで惑星の可能性のある天体の発見であり、最終的には違ったようである。

だが、2011年のニュースは信ぴょう性が高かった。日本では、これまでの経緯があって狼少年になっているのか、この発見はあまり大きく報道されなかったが、欧米では大騒ぎだった。その発見は、秋の夜に輝く1等星でなされた。みなみのうお座のフォーマルハウトの周りをまわる系外惑星を、ハッブル宇宙望遠鏡が直接捉えたのである（前頁図版参照）。もちろん、中心の星の光は明るすぎるので、コロナグラフという手法で隠して撮影されている。もともと、フォーマルハウトの周りには大量のチリが、円盤として残されており、リングのように明るい部分がある。そのリングは完全に丸くないので、どっかに惑星があるのではないか、とされていた。実際、発見された惑星は、チリのリングのすぐ内側であった。土星の環と衛星のような力学的な相互作用をしているのかもしれない。この発見で、大事なことは、その惑星と思われる天体の位置が、2004年と2006年の撮影時で違っていることだ。つまり、天体が確かに動いている、恒星の周りを公転していることが確認されたのである。この惑星の動きから推定した公転周期は872年。中心星からの距離は100天文単位、つまり地球と太陽の間の距離の約１００倍ということになる。これは太陽系でいえば、かなり遠い惑星である。もともと系外惑星は間接的な方法では、恒星に近いところで続々と見つかっているが、遠いところにも存在するという例になった。

ところが、２０２０年になると、この惑星の存在に疑問符がついた。２０１４年以降、どう観測しても存在が確認できなかったのである。小天体同士の衝突により一時的に明るくなったチリの塊《かたまり》なのでは、と考えられる。

しかし、ハワイ・マウナケア山頂にあるジェミニ望遠鏡でも、ペガスス座にあるHD8799という恒星の周りに3個もの惑星を直接撮像した結果が発表された。これ以後、確実な撮像結果は多く発表されてきている。系外惑星の観測は、間接的な発見の時代から、直接撮像の時代へと突入しつつある。もちろん、まだまだ撮影された惑星は「点」にしか過ぎないが、やがてこれらの惑星の大気成分や、技術が進めば、個々の惑星の表面の模様などが見えてくるだろう。なんと、わくわくする時代である。

（Vol.38/2009.1）

系外惑星の大量発見時代へ

２０１１年2月はじめ、アメリカ航空宇宙局（ＮＡＳＡ）は、ケプラー宇宙望遠鏡によって発見された、系外惑星の新しい候補天体が１２００個を超えることを明らかにした。その中からは木星のような大型の惑星だけでなく、地球のようなサイズの惑星も３００個近く見つかった。また、同じ恒星の周りに、６つもの惑星が巡っている惑星系も発見された。まさに人類は系外惑星の大量発見時代に突入したのである。

太陽以外の恒星の周りに、太陽系と同じように惑星があるはずだ、と天文学者は皆、かなり以前から思っていたが、その発見は極めて困難と思われていた。星はなにしろ、遠い。しかも惑星は恒星に比べて小さく、また自らは輝かずに、星の光を反射しているだけである。その光の量の差は太陽系の場合、一千万倍以上にも上る。精度のよい天体望遠鏡で眺めても、恒星の光がまぶしくて、惑星のかすかな光はかき消されてしまうことは容易に想像できる。例えば、富士山の山頂に５００Ｗの電球を灯したとしよう。この電球の明かりは、東京都心からでも、

想像図:ケプラー宇宙望遠鏡によって恒星「ケプラー11」の周りに6つの惑星が発見された(NASA/Tim pyle)

ある程度の天体望遠鏡を使えば見ることができる。しかし、惑星は、いってみれば電球の周りを飛んでいる蚊のようなものである。さすがにどんなに精度の良い大きな望遠鏡でも、富士山頂の蚊は見えない。

そんな困難な系外惑星の発見が報じられたのは1995年のことだった。木星のような惑星が、ペガスス座51番星の周りを周回していることがわかった。どうしてわかったのか。もちろん、直接見たわけではない。実は電球と蚊の場合とは異なり、惑星が恒星の周りを周回すると、その惑星の重力によって、恒星の方もごく僅かに揺れ動く。恒星の光は明るいので、そのわずかな揺れ動きを捉えることができる。これによって、間接的に恒星の周りに惑星があることがわかる。

これは2つの意味で衝撃的な発見だった。ひとつは既存のテクノロジーで惑星発見が可能であることを示したこと。もうひとつは、発見された木星のような巨大な惑星が、太陽系でいえば水星の軌道のずっと内側を、周期わずか4・2日の周期で公転していたことである。惑星と言えば、太陽系のように小さな惑星が内側に、巨大な惑星が外側にある、という偏見はもろくも崩れ去ったのだ。実際、他の研究グループが、それまでのデータを解析したところ、同じような惑星が続々と発見された。偏見によって、みすみす発見を見逃していた、といえるだろう。

いずれにしろ、この方法で次第に発見される惑星は増えていく。そして21世紀になると、この方法以外でも、系外惑星が発見されるようになる。星の前を惑星が横切るときに、わずかに星の明るさが減る「トランジット」と呼ばれる現象を利用する方法である。こちらの方法のほうがその原理はわかりやすいかもしれない。富士山頂にある500Wの電球の前を、蚊が横切れば、その蚊の面積分、光が遮られる。もちろん、これもごく僅かな量だ。しかし、もし惑星の軌道が恒星の前を横切るという条件にあるものを、精度良く星の光の強さを監視していれば、いつかは起こるはずである。たくさんの星を精度良く監視すれば、こういった条件の系外惑星は発見できる。そして、このトランジットには大きなメリットがある。地球型のような小さな惑星は、重力が弱いので前者の方法での検出は困難だが、トランジットなら精度次第で検出が可能なのである。

精度良く、たくさんの星を監視し、系外惑星を発見しよう。そのために2009年に宇宙に打ち上げられたのが、ケプラー宇宙望遠鏡である。その目は225万画素のCCD、実に42個。合計9500万画素のCCDカメラが、はくちょう座からこと座にまたがる領域の10万個以上の恒星をじっと見つめ続けていた。そして、2011年のニュースにつながったわけだ。

ニュースが流れる前までの系外惑星の発見数は500個ほどだった。15年かけて500個のペースだったわけだ。それが、今回のケプラーの活躍によって、一挙に1700個となった。まさに系外惑星大量発見の時代に入ったといえるだろう。なかでも、地球サイズの惑星は288個。そのうち恒星からの距離が適切で、その表面に液体の水が存在できる可能性があるものが、5つも発見されている。その意味では、地球外生命の発見にも確実に近づいている、といえるだろう。実にわくわくする時代である。

（Vol.63/2011.2.28）

地球外知的生命の電波発見？

２０１６年の8月末、「知的生命体からの電波を検出したかもしれない」という噂がインターネット上を駆け巡った。ロシアにあるRATAN-600という電波望遠鏡が、いわゆるＳＥＴＩ（地球外知的生命体探査）の過程で、ある恒星の方向から強い電波を受けたという報告がなされたのである。

この電波望遠鏡は、2メートル×7メートルほどの長方形の電波反射板を半径約６００メートルの円形に８９５枚並べ、中央部にある第二鏡に電波を集め、そこから受信機に導く半固定型の電波望遠鏡である。子午線を通過する天体を主に観測しており、地球の自転を用いて、観測対象天体を切り替えるようになっている。この電波望遠鏡で行われているプロジェクトのひとつがＳＥＴＩである。

これまでＳＥＴＩといえば、南米プエルトリコのアレシボ電波望遠鏡が主力であった。カルスト地形の大きな窪地に反射板を並べた、直径３０５メートルのアンテナである。高さ

１５０メートルほどのところに、３本のマストで支えられた受信機が吊り下げられている、やはり固定式のアンテナだ。やはり日周運動によって次々と通り過ぎていく天体を観測する。ただし２０２０年に受信機を支えるケーブルが破断したため現在は観測は行っていない。もともとのＳＥＴＩでは、天空のどこを狙って観測するということではなく、ともかくこれまでは常時電波を受信し続けて、闇雲に人工的な電波を探していた。

RATAN-600（Vladimir Mulder, shutterstock）

一方、RATAN-600での観測戦略は違っている。すでに皆さんご存じと思うが、いまでは太陽以外の恒星の周りに太陽系外惑星が多数発見されている。知的生命体がいるとすれば、そうした惑星の上に違いない。だから、アレシボのように闇雲ではなく、そういった惑星を持つ恒星を狙って観測を行っているのだ。

そして２０１５年5月15日、強い信号を受信した。我々から94光年ほど離れたヘルクレス座の恒星HD164595を観測しているときのことであった。この星そのものはほとんど太陽と同じタイプの恒星である。そして、木星の20分の1の質量を持つ惑星が、周期約40日で公転していることがわかっていた。この惑星そのものは温度が高い海王星クラスなのだが、もしかすると未知の地球型惑星があるかもしれない。そんなことで、彼らの観測リストに含まれていた。5月15日のデータは、天空上の点源からやってきたものとそっくりであった。また、その強度はずいぶんと強く、とても94光年先からやってきたと思えないほどだった。そのため、ロシアの研究グループはずいぶんと慎重に分析を進めてきたようだ。(公表が1年以上も遅れたのもそのためだろう。)

このニュースが駆け巡った後、アメリカのSETI研究所では、この恒星を早速観測すべく、かれらのSETI専用望遠鏡群(アレン電波干渉計)の観測リストに加え、追跡観測をはじめようとした。ところが、当のRATAN-600から、その後、問題の電波信号はどうも地上の電波のようだ、と発表がなされた。最終的には残念な結果にはなったのだが、私はなんとなく思った。いずれはこういう〝時〟が来るに違いないと。SETI(地球外知的生命体探査)の活動のなかで主流なのが電波望遠鏡による観測方法なのだが、案外あっけなく、こうした形で知的生命体や他の文明の存在が明らかになるときが来るのかもしれない。

(Vol.113/2016.11.18)

地球のような惑星が7つもある惑星系を発見！

２０１７年、天文学者も驚くような惑星系が発見された。太陽から40光年ほどの距離、トラピスト１と命名された恒星の周りに、惑星が７つも発見され、そのどれもが地球型だった。しかも、そのうちの少なくとも３つは恒星からの距離が適切で、表面に液体の水が存在できる「ハビタブル・ゾーン」にあった。もしかすると、それらの惑星は地球のように暖かく、海があって、生命が発生・進化しているのではと期待されているのだ。

トラピストというのは南米チリにある系外惑星の観測に用いられる口径60センチメートルの天体望遠鏡の名前で、ベルギーとスイスの天文学者が運用している（ちなみに、トラピストというのは有名なベルギービールの名前でもある）。この望遠鏡は、狙った恒星をじっと連続的に観測している。その恒星が惑星を持っていて、なおかつ惑星が地球から見て恒星との間を横切るような位置関係にあるときには、恒星の一部が惑星によって周期的に隠されるため（トランジットと呼ばれる）に、恒星の明るさがわずかに暗くなる。その暗くなり具合から惑星の面積、すなわち大きさがわかる。また、暗くなる周期から、その惑星が恒星の周りをまわる公転周期がわかる。このような方法で、トラピスト1を他の天体望遠鏡も含めて観測し続けたところ、7つもの惑星の存在がわかったのである。

データ解析からわかった7つの惑星の直径は、地球の0・75倍から1・13倍、密度も地球の0・6倍から1・17倍と、すべてが地球似だったのだ。太陽系には惑星は8つもあるし、他にも複数の惑星を持つ系外惑星系の例も数多く見つかっており、ひとつの恒星の周りに惑星が7つという数そのものは驚きではない。しかしながら、そのどれもが地球と似ているというのは、まったく初めてである。

今回の発見の驚きは、それだけではない。7つの惑星が恒星を巡る公転周期は1・5日から12・4日ほどで、きわめて恒星に近く、すべてが太陽系で言えば水星よりも内側に密集している。お互いの軌道の距離が近いために、惑星同士の重力が強く作用するようになって、7つの惑星の周期比が整数比となっている。こういう状態を平均運動共鳴状態と呼び、太陽系では木星のガリレオ衛星が同様の状況になっている。こういう状況だと、それぞれの惑星の自転周期は公転周期と一致していると考えられる。つまり、常に夜である夜半球と常に恒星の光が当たっている昼半球とが存在しているはずだ。

さらに、こんなに恒星に近いと暑いのではないか、と思われるかもしれないが、実はそん

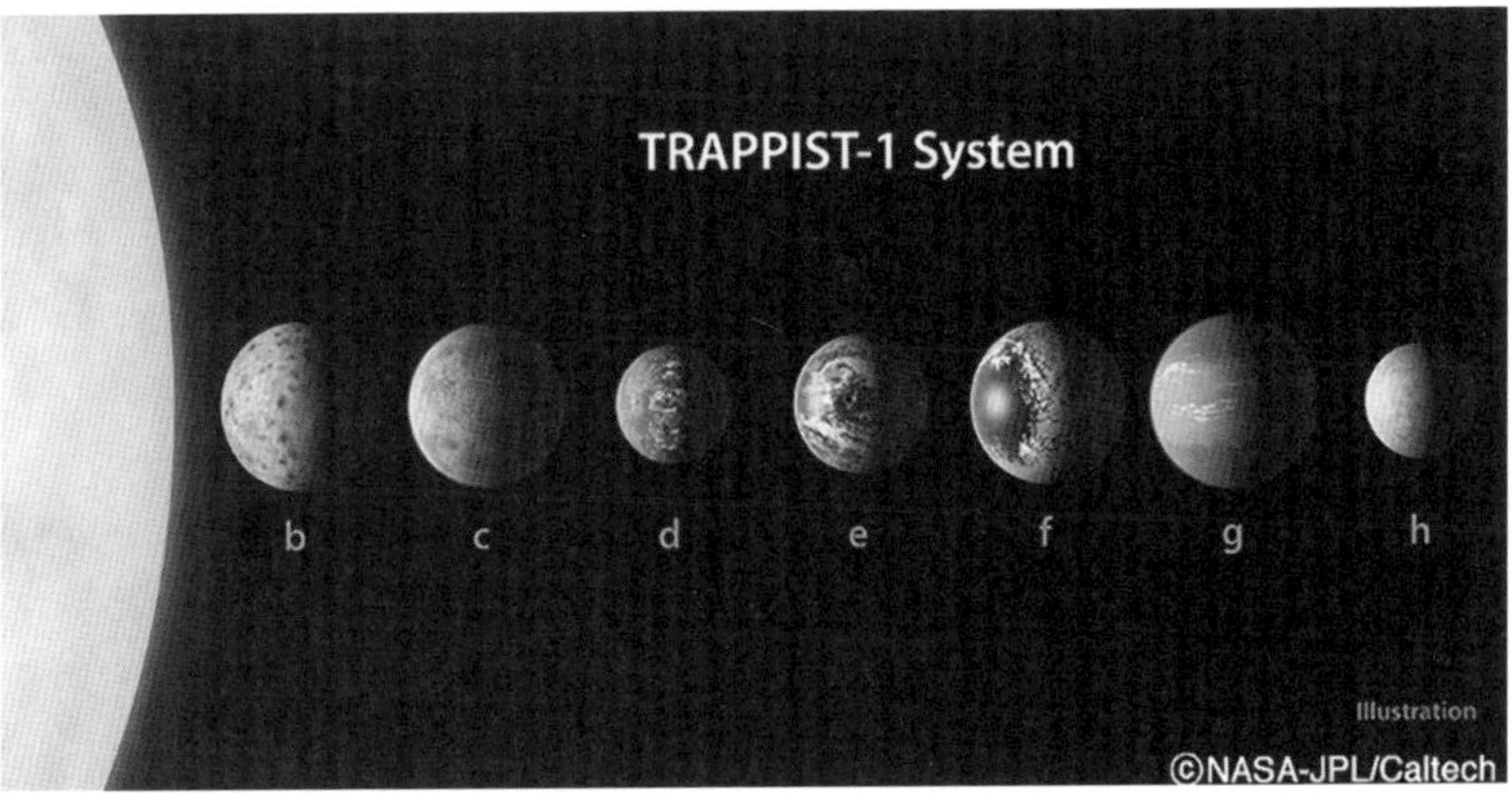

トラピスト1の7つの惑星の想像図。どれも地球と似たような惑星で、e、f、gのあたりが地球と温度環境も似ていると考えられる（NASA-JPL/Caltech）

なことはない。中心のトラピスト1は太陽の10分の1ほどの小さな恒星なので、表面温度は摂氏2300度しかない。太陽の約6000度に比べると、ずっと低いため、7つの惑星のうち、惑星e、f、gが公転しているあたりが、いわゆるハビタブル・ゾーンに相当する。これらの惑星に大気があれば、どれかの惑星に海が存在するのは確実と思われる。昼半球が暖かく、海があり、夜半球が冷たく氷に閉ざされているような、アイボール・アースとなっている可能性が強い（「ケンタウルス座プロキシマ星に惑星発見？」「星座の小径編」参照）そうなると、どれかの惑星に生命がいるのではないかと想像が膨らむ。もしかすると、複数の惑星に生命が発生し、それぞれ独自に進化を遂げている可能性も否定できないだろう。惑星ごとに違った宇宙人にまで進化しているとすれば、どうなっているだろう。

同じ惑星系で異なる宇宙人の文明が存在する可能性も捨てきれない。実際の宇宙は、我々の想像を遥かに超えている、ということを見せつけてくれた発見といえるだろう。

（Vol.117/2017.3.16）

系外の地球型惑星に大気の証拠

系外惑星の研究の進捗はめざましいものがある。前項でご紹介したように、７つもの地球型惑星を持つトラピスト1惑星系についての発見に続いて、さらに新しい発見が発表された。似たような地球型と思われる系外惑星に大気が存在する証拠が得られたというのである。

今回の惑星系は、トラピスト1とほとんど同じような距離、39光年にあるグリーゼ１１３２である。この恒星は南天のほ座にあり、トラピスト1と同じく温度の低い、小さな恒星である。その質量は太陽の18%ほどで、表面温度も太陽よりもずっと低い。この恒星の周りに惑星が見つかったのは２０１５年のことだ。発見された惑星は、直径が地球の1・2倍ほど、質量は１・６倍ほどと見積もられており、まず岩石惑星であることが確実であろう。地球より少し大きめのいわゆるスーパーアースと呼ばれる部類である。ただ、公転周期は1・6日ほど、恒星からわずか１４０万キロメートルとと極めて近い場所を巡っているので、いくら星そのものが低温だと言っても、その表面は熱く、平均でも摂氏２６０度はあるとされている。いって

グリーゼ1132を周回する大気を持つスーパーアースの想像図（MaxPlanck Institute for Astronomy）

みれば、第2の地球というよりも第2の金星といった方が近いかもしれない。トラピスト1でも紹介したように、こうした惑星は自転周期と公転周期が一致しているはずなので、もし大気があれば、恒星を向いている半球は暑すぎるものの、夜側半球は昼側から熱が運ばれて、ほどほど暖かくなっていると考えられる。

ところで、系外惑星の大気を捉えるのはあまりにも難しい。たとえれば、東京からパリのエッフェル塔頂上にある直径約1センチメートルほどの電球をおくと、ちょうど地球から観測するグリーゼ1132の大きさとなる。その周りを公転する惑星は直径0・5ミリメートル、ほとんど芥子《けし》粒のような大きさである。その芥子粒の上に大気があるかどうかを確かめるのは、至難であることはわかってもらえるだろう。木星型のような大型の惑星では、ガスが存在する兆候はすでに得られているのだが、特に小さな地球型の惑星に大気が存在するのかどうか、これまであまり明確ではなかった。

今回は、いろいろな波長で観測することで、惑星の大きさがどのように見えるかを調べた。惑星が恒星の手前を横切っているときには、その惑星が恒星の光をブロックする。ブロックする光や赤外線の量は、太陽系の水星のように大気がほとんどなく、むき出しの岩石なら、どの波長で観測しても同じである。ところが、大気があると、可視光に対しては透明なのだが、赤外線に対しては不透明になって、星の光をより多くブロックすることがある。実際、地球の大気もそうなっている。こうして、この惑星には大気、それも地球に似て水蒸気を含む可能性が強い大気が存在することが示されたのである。明確に地球型のような岩石惑星に大気が存在する証拠が示されたのは初めてである。今後、この惑星のように第2の金星だけでなく、第2の地球にも大気が存在する証拠が示される日は極めて近いと期待される。それにしても凄い時代である。

（Vol.118/2017.4.13）

Ⅴ

彗星

地球に大接近する彗星

長い尾をたなびかせながら、夜空に輝く天体。ほうき星とも呼ばれる彗星だ。われわれの太陽系には、惑星以外にも小さな天体がたくさんあるが、中でも彗星は、とても変わり者だ。大きくゆがんだ軌道をもち、太陽に近づいたり、遠ざかったりする。もともと氷が主成分の天体だから、太陽に近づいた時には、氷が融け出す。そのときに氷に含まれていたガスやちりが、太陽の影響で、太陽と反対側に流れ出していくように見える。これがほうき星の尾の正体だ。

また、彗星が太陽に近づくタイミングによっては、地球にも近づくこともある。地球に近づけば、尾を引かないような小さな彗星でも、明るく見える。

そんな彗星のひとつがシュヴァスマン・ヴァハマン第3彗星（ＳＷ３）。１９３０年にドイツのシュヴァスマンとヴァハマンによって発見されたかなり小さめの彗星である。約５・４年で太陽を一周するが、ゆがんだ軌道のため、外側は木星の軌道付近まで達するが、近づくときには地球の軌道よりも内側にまでやってくる。そのため、彗星が帰ってくるタイミングによっては、地球にも大接近する。1930年の発見時にも、地球に0・06天文単位*にまで接近していた。ただタイミングが合わないと、彗星そのものが小さいこともあって、なかなか見えない。そのため1979年に再発見されるまで実に半世紀にわたって、行方不明となっていた謎の彗星なのだ。

この彗星の謎は、それだけではない。1995年の回帰時には急激に明るさが上昇し、その後、彗星本体である核が3つに分裂しているのが観測された。彗星本体である核の主成分は氷だし、太陽に近づくたびに蒸発してやせ細っていくから、分裂というのは彗星でしばしば見られる。しかし、分裂の仕方も様々で、すべての破片が消失してしまうような例から、いくつかの核がそれぞれ独立の彗星となって輝き続ける例まで様々だ。SW3彗星の場合、どうもその中間タイプらしく、

シュヴァスマン・ヴァハマン第3彗星（SW3、中央）（観測日:2006年1月10日（UT）、観測者:森淳〈西はりま天文台〉、井垣潤也〈兵庫県立大学〉、なゆた望遠鏡〈口径2m〉、可視撮像装置、兵庫県立大学西はりま天文台提供）

*天文単位とは、太陽と地球との間の平均距離で（1天文単位）、1億5000万キロメートル。

2000年の回帰時には、3つのうちふたつが生き残っていた他、その後に分裂してできたらしい新しい破片も発見された。つまり破片が破片を生むという具合に、どんどん分裂を繰り返しているらしく、最大の核（C核）を除いて、どれがどの破片か対応がわからなくなっているような状況だ。2005年5月中頃には、再び地球に接近し、たくさん破片が観測された。もしかすると、今後もどんどん分裂していくかもしれない。

次に地球にSW3が近づいて条件よく観測できるのは、2033年になる。今後地球に近づくときには、ぜひ自分の目で、この謎に満ちた彗星を眺めてみてほしい。

（Vol.5/2006.4）

世紀の大増光を起こしたホームズ彗星

2007年のこと。実は、筆者は10月の24日から、ちょっとした睡眠不足が続いていた。というのも、10月24日の夜から25日にかけて、ホームズ彗星というまったく目立たなかった彗星が大増光を起こし、肉眼でも簡単に見えるほどの明るさになったからである。それ以来、観測のコーディネートはもちろん、広報のための資料作成や、取材対応などで、目の回る忙しさが続いていたのである。

大きな彗星は、しばしば長い尾をたなびかせ、夜空に輝くために、ほうき星とも呼ばれる。ゆがんだ軌道を持つものが多いので、太陽に近づいたり、遠ざかったりするが、本体である核は氷が主成分なので、太陽に近づいた時に氷が融け出す。同時に氷に含まれていたガスやチリが吹き出し、太陽の影響で、太陽と反対側に流れ出していく。これがほうき星の尾の正体である。ただ、多くの彗星は、望遠鏡を用いないと見えないほど暗く、尾が見えないことが多い。前項の「地球に大接近する彗星」でも紹介したシュヴァスマン・ヴァハマン第3彗星も、そんなに大きな彗星ではなかった。地球に近づき、またバラバラに分裂したために、2005年には明るくなるかもしれないと期待されたのだが、残念ながら肉眼で簡単に見えるほどにはならなかったし、望遠鏡でもはっきりとした尾は見えなかった。

ところで彗星という天体は予測不可能な振る舞いをすることが多い。小さな彗星でも、しばしば突然、その明るさを増すことがある。アウトバーストと呼ばれ、彗星核から一時的に大量のチリやガスが吹き出す現象である。かなりの数の彗星で、こういった現象は観測される。ただ、その光度の上昇幅は、せいぜい数等から5等止まりである。5等といえば、明るさに換算すると100倍になる計算なので、すごい増光といえるのだが、このホームズ彗星の場合は、それどころではなかった。23日までの明るさは約17等だったのだが、24日から25日にかけて、明るさが急上昇し、ついに約3等になってしまったのである。光度幅は14等、ざっと40万倍という計算だ。彗星のアウトバーストは、数多く観測されてはいるが、これほどの規模のものは耳にしたことがない。おそらく記録に残る彗星のアウトバーストでは、史上空前の規模といっていいだろう。

ホームズ彗星は、もともと小さな目立たない彗星である。歴史は古く、1892年にさかのぼるが、このときにイギリスのエドウィン・ホームズ（1839－1919）によって発見された彗星で、約7年で太陽を公転している短周期彗星である。1899年と1906年にも回帰が観測されたものの、その後は１９６４年まで行方不明になっていた。それほどいつもは暗いという証拠だろう。前回の回帰である２０００年の時にも、明るさは16等どまりであった。今回も、太陽に最も近づく5月頃でも、せいぜい15等と、まったく注目されることのない彗星であった。しかし、太陽から離れる途中の10月24日から急増光したわけである。実は、この彗星自身も過去、発見時の１８９２年に、今回のような大増光を起こしていたと考えられる。当時も約4等で観測されていたからである。その意味では、この彗星にとっては、実に１１５年ぶりのアウトバーストといえるかもしれない。

　いずれにしろ、これだけ大きなアウトバーストがなぜ起きるのかは、よくわかっていない。休火山のような場所が、口を開けて、中から氷が一挙に吹

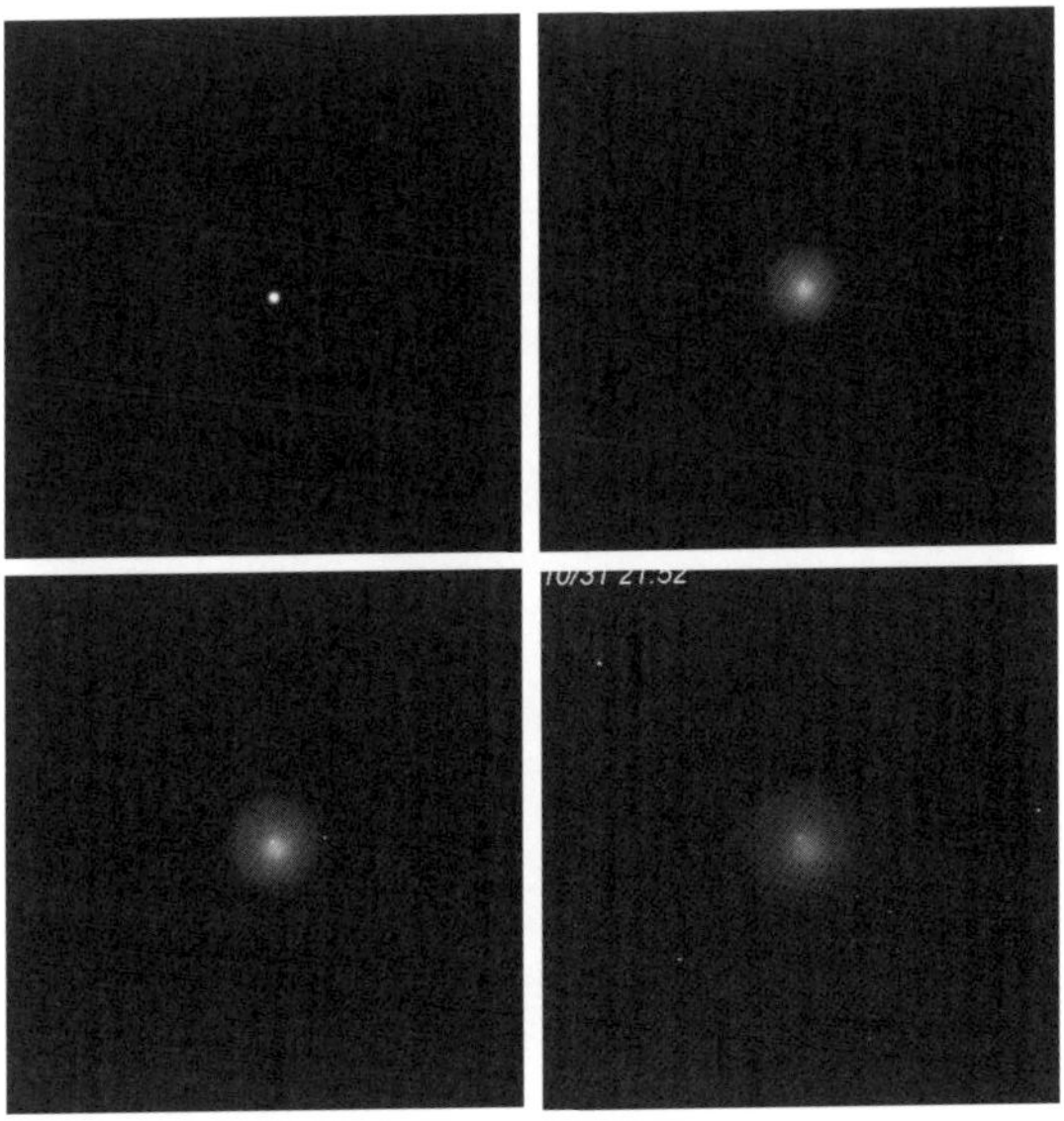

上左:10月25日 → 上右:10月28日 → 下左:10月29日 →
下右:10月31日(国立天文台提供)

き出したのではないか、あるいは小惑星のようなものが衝突したのではないか、さらには核が分裂したのではないか、と様々な説があるが、全くわかっていない。世界中で、様々な望遠鏡が観測を行っていたが、未だ謎のままである。

ところで、アウトバーストを起こした彗星は、たいていは数日ほどで暗くなっていくものなのだが、ホームズ彗星の場合は、予想に反してバーストから一週間ほど経過するにもかかわらず、すぐに暗くならなかった。そのため、11月になっても肉眼で見え続け、次第に見かけの大きさが広がっていった。そして広がれば広がるほど、薄くなってしまうので、見にくくなっていったのである。

ちなみに彗星に特有の尾はほとんど見えなかった。というのも彗星の尾は、一般に太陽と反対の方向に伸びるのだが、ホームズ彗星の位置が、地球から見て太陽と反対方向に近いため、尾が発達したとしても、視線方向に伸びてしまい、見えにくかったからである。

これだけの面白い彗星はそうそう出会えない。ニュースにはそれほど取り上げられなかったのはいささか残念であった。

（Vol.24/2007.11）

ハートレイ彗星の接近

２０１０年10月のはじめ、福島県で開催された石川町スターライトフェスティバルに行ってきた。２泊３日の日程で開催された星祭り、あいにく1日目はどしゃぶりだったたが、２日目は雨上がりの素晴らしい星空に恵まれ、天の川の下でのコンサートや、天体観望を楽しんだ。たくさんの望遠鏡が向けられていたのが、当時、話題となっていたハートレイ彗星（103P/Hartley）である。双眼鏡や望遠鏡で眺めると、漆黒の夜空を背景にして、綿毛のようなかすかな青白い光が浮かんでいて、とてもはかなげで美しい姿。彗星といっても、もともと大きな彗星ではなく、たまたま地球に近づいて明るくなっているために、尾が見えるわけではないが、青白い雲のような彗星の姿を眺めたのは久しぶりであった。

ほうき星とも呼ばれる彗星は、われわれの太陽系の小天体の仲間。一般に大きくゆがんだ軌道をもち、太陽に近づいたり、遠ざかったりする。もともと氷が主成分の天体だから、太陽に近づいた時には、氷が融け出す。そのときに氷に含まれていたガスやチリが吹き出して、星雲

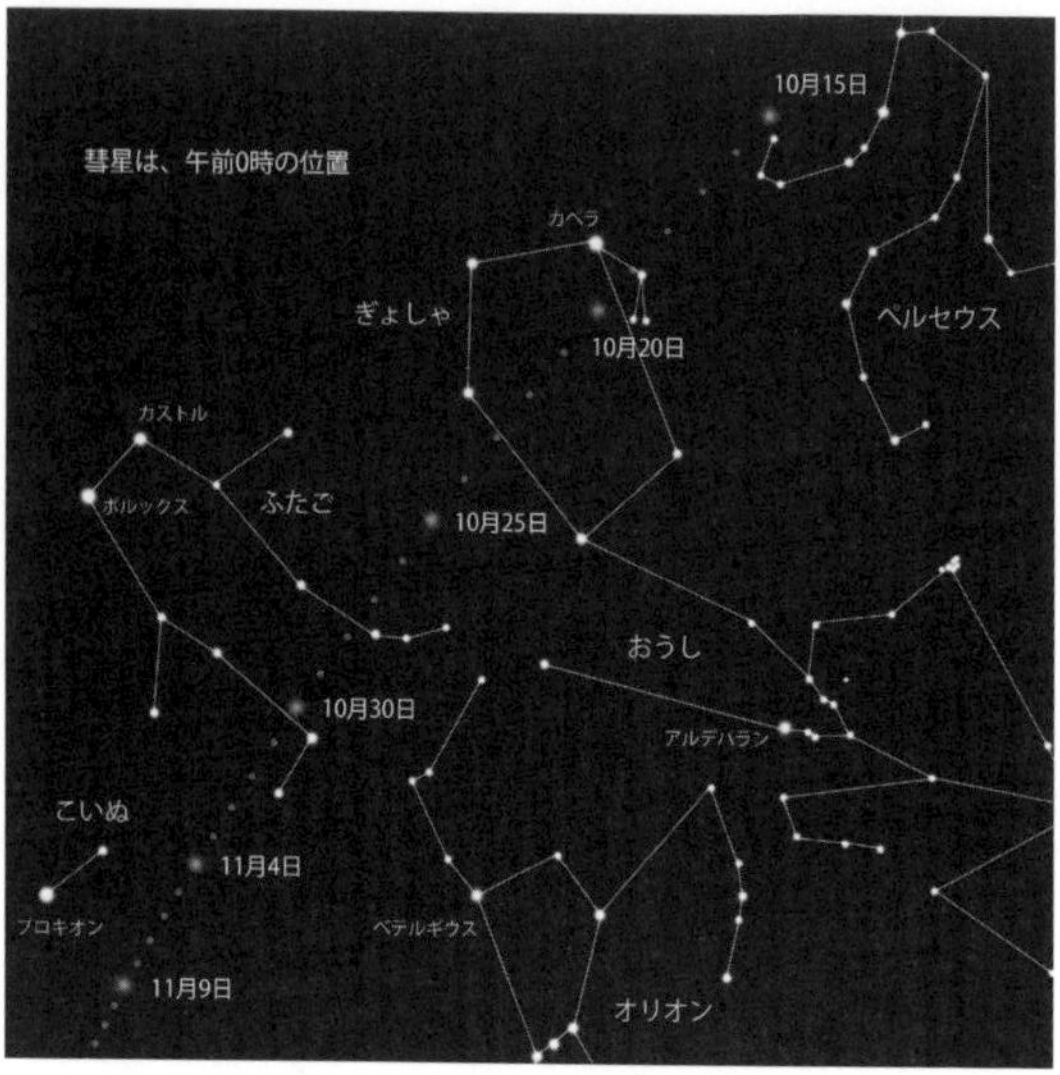

星座に対する彗星の動き（国立天文台提供）

状に見える。大きな彗星で、放出されるガスやチリの量が多いと、太陽の影響で、太陽と反対側に流れ出すように見える。これがほうき星の尾、「ほうき」の正体だ。

　当時、話題になったハートレイ彗星は、尾を作るほど大きな彗星ではない。１９８６年3月に、オーストラリアのハートレイ氏によって発見されたときも、その明るさは17〜18等と、大望遠鏡でしか観測できないほど暗い彗星だった。太陽の周りを約6年かけてまわっている短周期彗星なので、その後、１９９１年、１９９７年、２００４年に回帰（太陽に接近）したが、いずれもそれほど明るくはならなかった。

　ところが、２０１０年の回帰では、ハートレイ彗星が太陽に近づくタイミングで、ちょうど地球に近づいた。10月20から21日にかけて、地球との距離は約０・12天文単位（１天文単位は地球と太陽との距離1億5000万キロメートル）となり、1986年の発見以降、最も地球に接近する条件だった。また、その後も地球からどんどん離れていくわけではない。地球と併走するような形で動いていった。地球に近ければ、尾を引かないような小さな彗星でも、明るく見えるというわけだ。彗星は太陽に近づく時に明るくなることが多い。このハートレイ彗星が太陽に最も接近したのが10月28日。この前後には、まだまだ地球にも近く、明るいまま眺めることができたのである。

国立天文台三鷹50㎝望遠鏡、2010年10月6日午後10時25分撮影（国立天文台提供）

彗星は、ちょっとでも空が明るいとたちまち見えなくなってしまう。特に、この彗星はコマと呼ばれる部分が大きく広がり、ほのかに光る面積を持った小さな雲のように見える。この雲の大部分が、彗星から放出されたガスの放つ青い色で光っているのだが、あまりに微かなために、都市光や月明かりがあると途端に見えなくなってしまう。そのために、月明かりは大敵であり、もちろん星がよく見えないような都会で眺めるのは難しい。

彗星を見るには、月灯りに邪魔されない時期に、人工灯火の無い夜空の暗い場所へ出向く必要がある。ちなみにハートレイ彗星は、２０２３年10月頃に再び望遠鏡で見える程度に明るく見えると予想されている。

（Vol.59/2010.10.20）

第２の池谷・関彗星は現れるか？

池谷・関彗星という名前をご存じだろうか。もしかしたら、実際にご覧になった人が読者の中でもいるかも知れない。１９６５年９月に浜松の池谷薫氏と、高知の関勉氏が、ほぼ同時に発見した彗星である。発見当初は肉眼では見えない７等から８等の彗星だったが、どんどん太陽に近づき、明るくなっていった。というのも、この彗星が太陽をかすめる軌道を持つ彗星群：クロイツ群に属していたからである。クロイツ群とは、ほぼ同じ軌道を持つ多くの彗星の群れからなっていて、これに属するいくつかの彗星が、19世紀に極めて明るい大彗星となったことでも知られていた。池谷・関彗星も、１９６５年10月21日に太陽からわずか約45万キロメートルを通過し、その様子はわれわれ国立天文台の乗鞍《のりくら》コロナ観測所でも撮影に成功した。その後、太陽に近づきすぎたせいで核がいくつかに分裂すると同時に、10月下旬には、明け方の薄明の空に肉眼でも長い尾を引く姿で現れ、20世紀の大彗星のひとつとして、歴史に残るものとなったのである。

このクロイツ群が話題になっていた時期がある。というのも、この群に属する彗星の数が、2010年頃に、一時期増加傾向にあったからである。もしかすると、池谷・関彗星のような「親玉」クラスの彗星が現れるのではないか、と期待する向きもあった。

これらの彗星を捉え続けているのが、NASAの太陽観測衛星SOHO（太陽・太陽圏観測衛星：Solar and Heliospheric Observatory）である。1995年の観測開始以来、太陽そのものを隠して撮影するコロナグラフによって、太陽から吹き出るフレアやコロナ質量放出などの太陽の現象を詳細に観測するだけでなく、太陽に近づいて明るくなる彗星を、すでに4000個以上、発見している。彗星といっても、ほんの数時間で消えてしまったり、なかには太陽に衝突してしまうものもあり、その軌道が正確に決められるわけではないが、それでもクロイツ群に分類される彗星はかなり多い。SOHOが観測した彗星の数は、1997年にはせいぜい1年に69個であったが、徐々に増加し、2010年は約200個となっている。もちろん、これはアマチュア天文家が、常時SOHOの画像をインターネットで監視し、発見を競っているという理由もある（SOHO彗星のほとんどは、リアルタイムで公開される画像から、アマチュア天文家がいち早く彗星らしき天体を発見し、それをSOHOに報告するという独自のシステムである）が、どうもそればかりではないらしい。右肩上がりの漸増傾向に加え、2010年12月13日からの22日までの、わずか10日間でなんと25個もの彗星が観測

太陽観測衛星SOHOが2010年3月に撮影したクロイツ郡の彗星。右上の太陽（白線の円）は隠されている（NASA/SOHO）

されたのである。SOHOを運用する研究者も、「これほどの頻度で彗星が観測されたことは、過去には例がない」と話している。そのため、池谷・関彗星のような巨大な「親玉」クラスの彗星が太陽に接近する前兆ではないかと推測する天文学者もいたのだ。

彗星はしばしば分裂する。池谷・関彗星などのように大きな核が分裂して、細長い軌道を一周回すると、核の破片が細かなものほど前後に広がる。そうすると、「親玉」が帰ってくる前に小さな彗星の数が増えることが、当然のように予想されるわけだ。ただ、残念なのは、池谷・関彗星が出現した当時は、SOHOのような観測衛星が存在せず、池谷・関彗星が太陽へ接近する前に小さな彗星群が増加したのかどうかはわからないことである。逆に、親玉が完全に砕けてしまい、現在観測されている彗星群は、単にその名残の群れに過ぎない可能性もある。今後、この増加傾向が続くかどうか、慎重に見極めないと本当のところはわからないというのが、現状である。いずれにしても、クロイツ群に属する彗星の増加は、とても興味深い現象であることは確かだ。あわよくば、その先に池谷・関彗星のような「親玉」が控えていて、21世紀を代表する大彗星になってくれることを期待したいものである。

（Vol.62/2011.1.26）

期待を裏切ったアイソン彗星

２０１３年最大の天体ショーの主役が、アイソン彗星だった。11月半ばには金星軌道を横切り、太陽に向かって猛ダッシュを続けた。11月の上旬の段階で、すでに明るさは8等となり、その姿は日に日に彗星らしくなっていった。夜空の条件がよいところでは、口径10センチメートルクラスの望遠鏡でも見えはじめた。

10月はじめの段階、まだ火星の軌道を横切ったばかりの頃は、かなり淡く暗かった。筆者も福島県田村市で開催された星祭り、スターライト・フェスティバルに参加して、星の村天文台にある口径65センチメートルという大型の天体望遠鏡「絆」でアイソン彗星を眺めた。しかし、それほどの大口径でも、まだとらえどころが無いほど淡く、ほのかな姿であった。冬の天の川が見えるような美しい夜空のもとで、これだけ淡い姿に、ずいぶん不安になったものだ。だが、その不安を払拭するように、11月にはずいぶん大きく成長した。

もともとアイソン彗星を含めて、彗星の主成分は水が凍った雪や氷である。太陽に近づけば近づくほど、その熱によって、水が水蒸気となって融け出す量が増えていく。火星軌道のあたりでは、まだ温度が低く、氷はそれほど融けないのだが、地球の軌道を横切る頃に氷の蒸発は盛んになりはじめる。そして太陽に近づくほどに蒸発量が増え、それに従って水だけでなくチリや他のガスも放出量が増える。10月の段階で、まだまだ暗かったのは、それを考えれば納得なのである。

水の蒸発が増えれば、氷に含まれる微量なガスなどの放出量も増える。それらのガスが彗星本体である核の回りで光るようになる。特に11月上旬頃に撮影されたアイソン彗星の頭部が鮮やかな緑色に包まれていたのは、ガスの成分のうち、炭素原子がふたつ結合したC_2という分子がたくさん存在している証拠である。このC_2という分子は宇宙空間でも電気を帯びにくく、太陽から吹き付ける電気的な風である太陽風に流されることがない。一方、ガスの中にはすぐに宇宙空間で電気を帯びてしまうものもある。一酸化炭素（CO）は、電子を失ってプラスの電気を帯びて、CO^+というイオンになってしまうのだ。すると、太陽風に吹き流されて、反太陽側に流れるような尾を作る。一酸化炭素は青く光るので、青い尾となる。これがガスの尾（イオンの尾）である。一方、水の蒸発とともに吹き出してくるチリも、その蒸発量に比例して増えていく。すると、太陽の光の圧力を受けて、ゆっくりと反太陽方向にたなびく。それらが太陽の光を反射して輝くのがチリの尾（ダストの尾）である。大彗星の尾は、ガスの尾とチリの尾

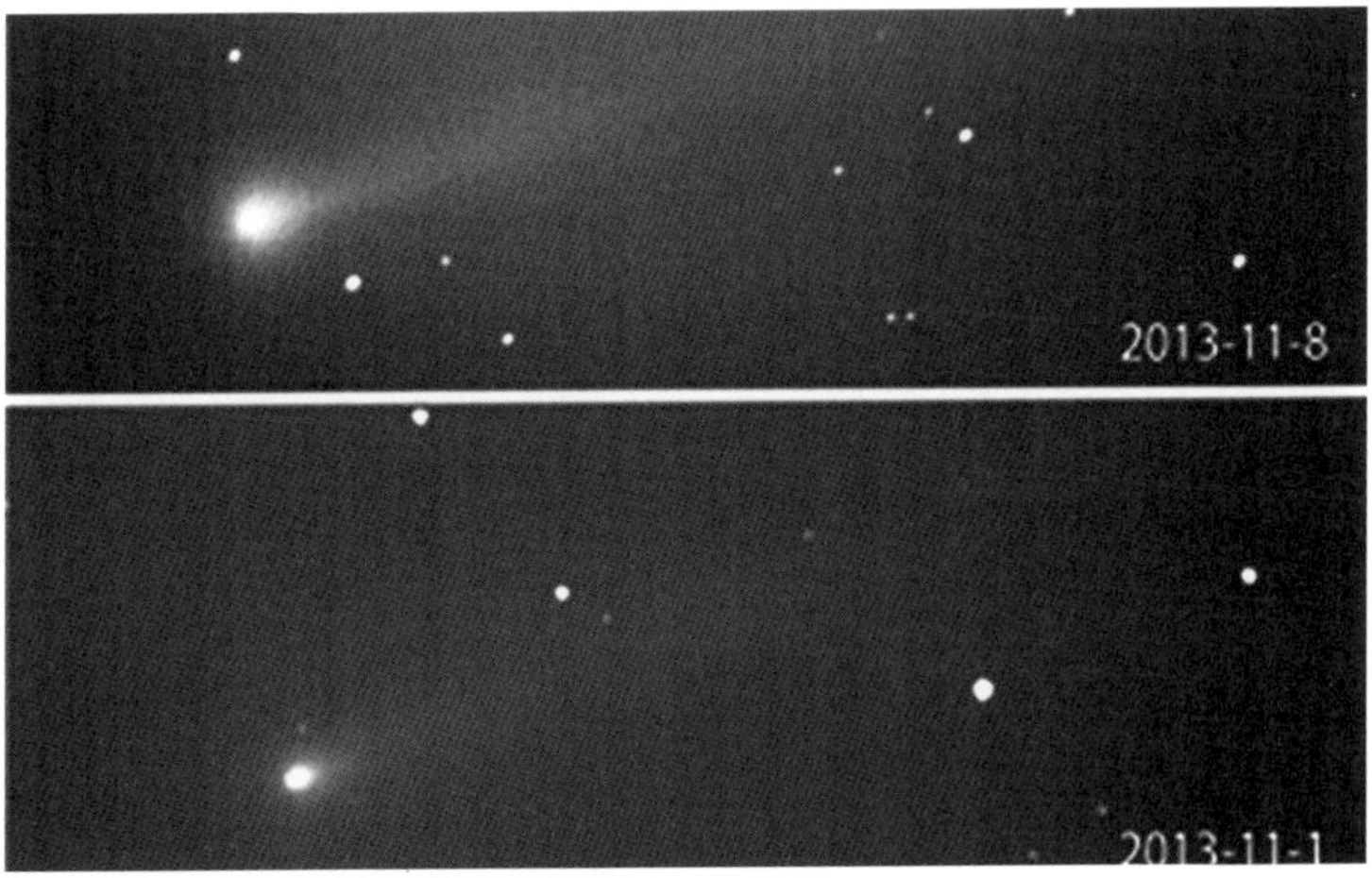

2013年11月1日（下）と18日を比べると、アイソン彗星が大きくなっているのがわかる。65㎝反射望遠鏡（絆・KIZUNA）で1分露出（大野裕明氏撮影、星の村天文台提供）

とのふたつに分かれて見えることが多い。11月の段階では、アイソン彗星の尾も、かすかにどちらの尾も成長しつつあるようだった。

さて、「このまま明るさが増していくとすると、アイソン彗星は太陽に最も接近する11月29日には、マイナス6等になる。発見当初は、マイナス13等になって、満月よりも明るくなるかも知れない、といわれていた。しかし、春から秋口まで予想通りの明るさの上昇を見せなかったため、その予想は大きく下方修正された。それでも、マイナス6等というのは相当なものだ。なにしろ太陽への接近距離は半端ではない。その表面から約120万キロメートルという至近距離を通過する予定だ。アイソン彗星は典型的な「太陽をかすめる彗星」なのである。

太陽をかすめる彗星は、最接近時に強烈な太陽光にさらされるので、蒸発量も半端ではない。実際、これまで出現した太陽をかすめる彗星、たとえば前項で紹介した池谷・関彗星や、２０１１年のラブジョイ彗星では、どちらも太陽に接近した後、遠ざかるときに長い尾を伸ばしている。特にラブジョイ彗星は、アイソン彗星よりもずいぶんと小さい彗星だった。にもかかわらず、国際宇宙ステーションなどから長い尾が撮影されている事を考えれば、アイソン彗星で同じような尾が見えない道理はないと大いに期待された。

ただ、不確定要素は常にあった。たとえば、上記のどちらの彗星も、太陽に接近した前後に、本体である核が分裂していることだ。核が分裂すれば、それまで太陽熱を直接浴びることがなかった核内部が露出し、一次的に膨大な量のガスやチリが放出される。太陽熱を受ける表面積も増えるために、分裂しないときよりも明るく、尾も長くなったと考えられる。アイソン彗星が、全く同じような経過をたどるとは限らない。そういった不確定要素は、実際にアイソン彗星が太陽に接近するまで、払拭することはできない。そして、多くの人の期待は裏切られることになった。11月末に太陽に再接近したあと、ものの見事に彗星そのものが雲散霧消してしまったのだ。実際に太陽に近づいてみないと、彗星の明るさや尾の長さは正確な予想ができない典型例となったのだ。が、まだまだ予測もできないところがまた天文現象の面白いところなのだ。

（Vol.77/2013.11.14）

崩壊したアイソン彗星

前項でアイソン彗星が、大方の予想を裏切って、太陽に接近する直前に、核がばらばらに崩壊して、ほぼ無くなってしまったことを記した。

あとから考えると、その予兆らしいものはあった。発見以来、なかなか思い通りには明るくならない時期が続いていたことは前回にも紹介したが、11月中旬になってガスの放出率が2倍になり、24時間で1等級も明るくなった。その後、数日をかけて8等台だったアイソン彗星が5等台へと急上昇したのである。この上昇率があまりに急だったため、彗星でしばしば起きるアウトバーストの一種であると考えられた。

アウトバーストは、さまざまな彗星でしばしば起こる。アイソン彗星も、こうして明るさの上下を繰り返しながら、全体として上昇していくのではないか、とも期待された。いずれにしろ、明るくなるのはよい兆候、いわば吉兆なので、天文ファンは、素直に喜んでいたのである。ところが、アウトバースト時の明るさの上昇があまりに大きいと、少し心配にもなる。実際、こうしたアウトバースト後に核そのものが崩壊してしまう例もあるからだ。アイソン彗星はガスの多い彗星だったので、11月中旬の段階ではチリの尾があまり目立たず、ガスの尾（いわゆるイオンの尾）が目立っていたが、バーストに伴って尾の変化も激しくなった。短時間でのガスの尾の変化、そしてガス放出率の急上昇という現象が、２０００年のリニア彗星（C/1999S4）の崩壊前の振る舞いに酷似しているという指摘もなされたのだ。リニア彗星は、やはり肉眼彗星になると期待されたが、近日点通過前後にアウトバーストを起こして、ガス放出率が急上昇。ガスの尾を急激に発達させ、その後、中央集光部が細長くなって暗くなっていったのである。当時完成したばかりのヨーロッパ南天天文台（ＥＳＯ）の口径8メートル望遠鏡ＶＬＴが撮影したところ、崩壊した核の破片がばらばらになっている様子が撮影された。その後、破片は完全に消失し、融けきってしまったと思われている。もし、11月中旬のアウトバーストが、その前兆だとすれば、すなわちこれは凶兆である。

われわれの観測チームは、京都大学が保有する飛騨天文台にいた。太陽に非常に接近するため、通常の望遠鏡ではなく太陽専用の望遠鏡で観測しようとしていたのである。あいにく天候が悪く、28日までは観測できなかったのだが、太陽観測衛星の視野に入ってきたアイソン彗星が、再びアウトバーストを起こしたように、みるみる明るくなっていく様子を見て、間違いなく近日点は乗り切るだろうと安心しきっていたのである。ところが、やはりアウトバーストは凶兆だった。29日早朝に海外から入ってきた情報は信じられないものばかりだった。太陽に最接近する直前から、アイソン彗星は暗くなり、太陽から離れるときには、ほとんど霞のような細長い筋状の雲となってしまったのだ。いったい何が起こったのか。なぜこれほどの彗星が崩壊してしまったのか。世界中の天文学者が頭を抱えることになったのである。

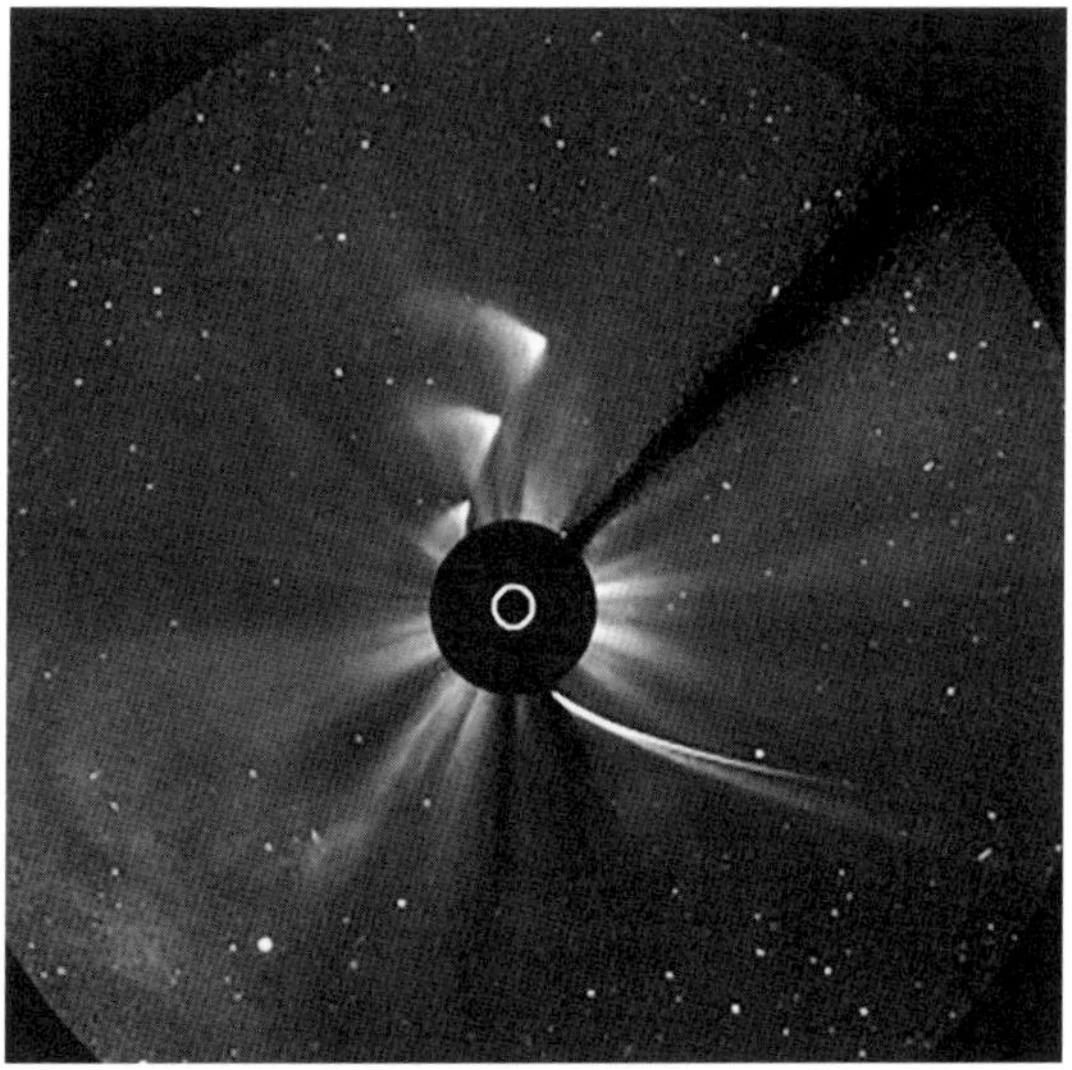
太陽観測衛星SOHOが捉えた、太陽に近づき遠ざかっていくアイソン彗星（ESA/NASA/SOHO/SDO/GSFC）

我々のグループがインターネットの情報を眺めて、ショックを受ける姿はNHKによって撮影され、その上、その筋状の雲を眺めながら、作ってツイッターに流した筆者の短歌まで7時のニュースに流れてしまう羽目になった。非常に恥ずかしい限りだが、これも当時の心情を吐露していると思ってお許しいただきたい。

「のぞき込む　画面に光る　筋雲に

思い到らぬ　未知の振る舞い」。

宇宙はまだまだ謎に満ちていることを実感した日となった。

（Vol.78/2013.12.31）

日本のアマチュア天文家、彗星を発見！

２０１８年の晩秋、新しい彗星が明け方の夜空に出現した。発見したのは、３名のアマチュア天文家・新天体捜索者である。最も早かったのは、アメリカ・カリフォルニア州のドナルド・マックホルツ氏。11月7日の明け方、口径47センチメートルの反射望遠鏡で捜索中、10等で輝く彗星を発見したのである。その後、日本でも二人のベテランのアマチュアが、この彗星を独立に発見する。一人は香川県の藤川繁久《ふじかわしげひさ》氏、もうひとりが徳島県の岩本雅之《いわもとまさゆき》氏である。藤川氏はマックホルツ氏から約7時間後、日本の11月8日早朝、口径12センチの望遠鏡にＣＣＤカメラをつけての捜索中に発見した。岩本氏の発見も、ほぼ同時刻で、口径10センチメートルの望遠鏡にデジタルカメラをつけて捜索中のことであった。両氏とも四国在住で、ほぼ同時刻の発見というのは偶然ではない。両者とも、ずっと新天体捜索を行っているベテランである上に、彗星が観測可能な位置に上ってくるのがほぼ同時刻だし、気象条件、つまり四国が快晴に恵まれていたという条件が重なったことによるものだ。なにしろ両氏とも以前にも彗星を発見して

マックホルツ・藤川・岩本彗星。2018年11月18日明け方。尾が上の左のほうに伸びている(岸 篤宏氏撮影、高崎市少年科学館提供)

いる。藤川氏は２００２年に工藤・藤川彗星を、岩本氏は２０１３年に岩本彗星をそれぞれ発見しており、彼らの目にとまる明るさの彗星が出現したら、まず見逃さないのである。

この新彗星の名前は、めでたくマックホルツ・藤川・岩本彗星（C/2018V1）となった。それにしても久々である。日本人のアマチュアによる発見は、ＮＡＳＡの太陽観測衛星のデータのインターネット画像からの発見を除けば、実に5年ぶりの快挙だった。なにしろ、現在では相当広い領域でプロのサーベイによって、かなり暗い天体まで捜索されており、まずアマチュアの発見は望めない状況だからである。今回もプロが観測していない領域であったことが幸いしていたのだろう。まだまだアマチュア天文家による新彗星発見の可能性は残されていることを如実に物語っているといえる。

さて、当の新彗星だが、そのときの明るさは10等と、かなり暗い空のもとで、ベテランでないと探し出して眺めることは出来なかった。また、その後の明るさの推移は次第に太陽に向かって明るくなっていった。発見時の彗星の太陽からの距離は０・８天文単位（１天文単位は太陽−地球間の平均距離で1億５０００万キロメートル）だったが、その後、新彗星は太陽に近づいていき、11月下旬には半分の０・４天文単位となった。その上、地球との距離も近づいた。発見時には１・２天文単位だったが11月下旬には０・７天文単位を切った。明るさは6等で、これだと暗い空なら双眼鏡で見えるレベルだったのだが、残念なのは発見時よりも太陽に近くなって、逆に地平線ぎりぎりになってしまった点だ。太陽離角（新彗星が太陽から天球上でどのくらい離れているかを示す角度）が発見時は40度ほどだったが、急速に小さくなって20度ほどになってしまった。実際に眺めることは難しかったのである。

今後明るい彗星が現れたら、なるべく暗い夜空で、月明かりを避けて、ぜひ彗星の観察にトライしてみてほしい。

（Vol.137/2018.11.22）

オウムアムアに続く太陽系外からの小天体？　ボリソフ彗星

２０１９年９月11日、世界中を衝撃のニュースが駆け巡った。２０１７年のオウムアムア（後述、１７７頁）に続く、新しい星間空間からやってきた天体と思われる、C/2019 Q4（Borisov）という彗星の発見である。発見者の名前を取ってボリソフ彗星という名前で公表された彗星の軌道は、それまで誰一人として見たことがない軌道を持っていた。なにしろ、その軌道の離心率が３・08という、とんでもない値だったからだ。あのオウムアムアでさえ、その離心率は１・12である。これでも十分に天文学者は驚く値だった。しかし、今回はそれを遙かに超えている。誤差の影響とか、惑星の影響とかをいろいろ考えてみても、確実に太陽系の中の天体では無く、外からやってきた来訪者といえそうだ。

離心率について、少し詳しく説明しよう。太陽系の中の小天体はほとんどが楕円軌道、つまり太陽の周りをぐるぐる回っている。完全に円軌道だと離心率の値は０である。この値が大きくなればなるほど、軌道が円から次第につぶれ、ひしゃげた楕円になっていく。いわば楕円のつぶれ方の度合いを表す数値になる。ただ、楕円軌道の場合の離心率は1を超えることはない。ハレー彗星のように細長い軌道でも、その離心率は0・97である。さらに一部の彗星は太陽から遠く離れた、オールトの雲という場所からやってくることがあり、その場合の軌道はきわめて放物線に近い楕円軌道になる。それでも、もともときわめて細長い楕円軌道なので、0・99と1にきわめて近いが1を超えることはない。ちょうと離心率1というのが放物線軌道で、数学的には太陽を周回するか否かのぎりぎりの軌道で、1を超えると双曲線軌道となる。離心率が1をわずかに超える値が算出される場合もあるが、たいていは太陽系内部に入り込んだときに木星や土星の影響によって軌道が変化してしまった結果だ。これまで小惑星では数十万個、彗星では1万個に上る発見があるが、その中でも明らかに離心率が1を超える双曲線軌道をもっていたの

マウナケアにあるジェミニ望遠鏡が撮影したボリソフ彗星、元は赤と緑の二色合成によるカラー画像になっている。彗星の動きに合わせて望遠鏡を動かしているので、背景の恒星が線を引いている。(提供:Gemini Observatory/NSF/AURA)

が唯一、2017年に発見されたオウムアムアだけだった。双曲線軌道というと、いわば〝開いた〟軌道であり、太陽に近づくのは一度だけ、つまりもともと太陽系の外からやってきて、たまたま太陽に近づき､通り過ぎて去っていく性質を持つものとなる。今回のボリソフ彗星は、オウムアムアに続く人類が見た星間空間からやってきた天体の2例目ということになる。しかも、オウムアムアに比べるとさらに双曲線の度合いが強いのだ。太陽に近づいても、その軌道をほんの少し曲げるだけで猛スピードで飛び去ってしまうことになる。

ボリソフ彗星の発見に天文学者は騒然としている。オウムアムアの発見以降、すぐに同様に太陽系外からやってくる天体が発されるとは誰も思ってもみなかったからだ。そういった外からの来訪者は希で、たまたま観測技術が良くなったために見つかったのだろう、と思っていた。もしかすると、これまでは全く気づかなかっただけで、実は案外多くの訪問者が太陽系を訪れているのかもしれない、と思わせる発見なのである。

いずれにしろ、さっそくあちこちの天文台で緊急の観測が始まった。なにしろ、ボリソフ彗星は、これから太陽に近づいていくという絶好の観測条件だった。近日点通過、つまり太陽に最も近づくのは2019年12月上旬、その距離は約2天文単位、つまり太陽から約3億キロメートルほどのところまで近づいたのだ。そして、その頃には、明るさも15等級ほどになった。これは20等止まりだったオウムアムアの見かけの明るさの100倍に相当する。しかも日本を含む北半球で観測条件が良かった。また、すでに明確な彗星活動を示していることから、その揮発しているガスの成分を調べることができるかもしれない。そうすると太陽系の彗星との差がわかるかもしれないのだ。期待は高まった。

ところがである。その成分はわれわれ太陽系の彗星と全く差がなかったのである。太陽と同じような恒星の周りで生まれたのだろうか。謎は深まるばかりである。

（Vol.146/2019.9.17）

Ⅵ

いろいろな星たち

夜空の宝石 ―球状星団―

春から夏になると、筆者にはどうしても望遠鏡で眺めたくなる天体がある。数十万個もの星がボール状に密集した天体：球状星団である。肉眼で見える球状星団は少ないが、暗い夜空のもと、大型の天体望遠鏡で眺めると、その美しさは際だつ。まるで漆黒の絨毯に積み上げたダイヤモンドのかけらのように思えるのである。大気のせいで、密集した星たちがゆらゆらと揺らめく様子が、本当にダイヤのかけらがさらさらと落ちているかのごとく錯覚するほど美しい。

とりわけ春から夏の季節には、ふたつの大きくて明るい球状星団が眺められる。ひとつは、頭の真上に見えるヘルクレス座の球状星団M13。直径が17分角、つまり月の半分ほどもあり、明るさは6等で、ぎりぎり肉眼で見えるかどうか、という天体である。なにしろヘルクレス座は日本付近では頭の真上を通過するために、空の高いところで、条件よく眺めることができる。バックの空の暗さに浮かび上がる星くずの輝きの美しさは言い表せない。北天には、これに匹敵する球状星団がいくつか散在している。

りょうけん座にある球状星団、2007年3月10日、沖縄・石垣島（石垣島天文台提供）

北天の代表がヘルクレス座の球状星団M13なら、南天の球状星団の代表は、オメガ星団だろう。球状星団は全部で140個あまり知られているが、その中でも最も明るく、迫力のあるのがオメガ星団なのだ。なんといっても満月よりも大きく、肉眼でも見えるほど明るい。そのため、恒星としてケンタウルス座のオメガ星、オメガ・ケンタウリという名称まで与えられている。ただ、このオメガ星団は南天に低いところにあるために、日本ではなかなか見ることができない。春から夏の南の地平線上に、ほんの少しの時間しか顔を出さないからである。東京での地平線からの高さもせいぜい8度程度で、低空まで透明度のいい条件でないと見ることは難しい。

筆者は一度、学生時代に合宿していた山間地で、このオメガ星団の姿を眺める機会に恵まれた。その大きさには圧倒された。また、星々は本当は真珠のように白っぽく見えるはずだが、低空のために赤みを帯びて見えていた。夕日が赤いのと同じ原理で赤みがかっているのである。北天の球状星団の星々がダイヤモンドのかけらだとすれば、こちらは漆黒の絨毯に積み上げた〝ルビー〟のかけらといえるだろう。球状星団の中心部分は、密度が高く星が重なり合いすぎて、ひとつひとつの星に分離して見えることはない。しかし、周りにいくほどまばらになって、それぞれの星が粒々になっているのがわかる。まるで、そっと積み上げた赤色のルビーの粒の山から、こぼれ落ちたかけらのようだ。しかも大気のせいで、ゆらゆらと揺らめくため、本当にルビーのかけらがさらさらと落ちているように錯覚するほどである。オメガ・ケンタウリという名前の語感の良さとも相まって、あのときの感激は鮮烈な記憶となって筆者の中に残っている。

ところで、これらの美しき球状星団たちには不可解な謎がいくつも残されている。球状星団は、銀河系の円盤とはあまり関係なく、銀河系を大きく球状に取り巻いている。この構造をハローと呼ぶのだが、球状星団は銀河系のハローの主構成天体といえる。銀河系が平べったい円盤のような形をしているのに、どうして球状星団だけが、それとは無関係な分布をしているのか、その原因はよく分かっていないのである。また、球状星団は、かなり古い。130億年という年齢と推定されるものさえある。こうなるとわれわれの銀河系が生まれる前から、星団はできていたのではないか、とも考えられる。

さらに〝宇宙人〟との関連で話題になったこともある。宇宙初期に生まれた星々の集団だから、水素燃料を使い果たしつつあり、低温の赤みがかった星がほとんどである。ところが、よく調べると、何故か明らかに青白く、若そうな星がまじっているのである。青白い星は、天文学の常識からいえば、水素燃料がふんだんにあり、どんどん燃やしている状態で、寿命は短いはずである。そんな青い星が球状星団の中に存在し続けるのは、たいへん不思議だ。これらは「青色はぐれ星」と呼ばれ、半世紀にわたって大きな謎だった。あまりにも不思議だったため、〝宇宙人〟が恒星寿命を延命させているのではないか、という珍説まで飛び出したのである。

星は老年期を迎えると膨張する。われわれの場合も、あと50億年ほど経つと、地球は膨らんだ太陽に飲み込まれる運命にある。そんなとき、惑星に宇宙人がいて、星の膨張を防ごうとしたら？　その技術力を駆使して、星そのものに水素を送り込む延命策を謀るにちがいない。そうすれば、太陽は青いまま輝き続け、惑星に住む宇宙人文明も安泰だ。「青色はぐれ星」は、優れた技術力を持った宇宙人が星の延命を講じているところなのではないか、というのだ。

しかし、これはさすがに天文学者の想像のしすぎだったようだ。青色はぐれ星は球状星団の中心部、すなわち星の密集度の高い場所に多い。つまり老人の星同士が衝突・合体して、一時的に若返った星らしいことがわかってきつつある。知的生命や宇宙人につながらなかったのは残念なのだが、その証拠を求めて、天文学者はいまだに挑戦をし続けていることは確かである。

（Vol.17/2007.4）

1等星マラソン

２００４年頃、仕事で石垣島を訪れる機会を得た。ここには既に国立天文台の誇る電波観測用のアンテナのひとつが設置されており、現在も活躍を続けている。ここに光学望遠鏡を設置することになり、その打ち合わせを行うためであった。望遠鏡ができると、一般向けの観望会も行うというので、地元の天文ファンの集まりである八重山星の会の人たちにも協力をしてもらうことになった。そこで、打ち合わせや講演を終えた後、彼らが撮影した南天の星たちの写真を拝見しながら、居酒屋で星の話に花を咲かせていた。本州では、夢また夢の「南十字星」や、「ケンタウルス座アルファ星、ベータ星」などが春になると水平線の上に顔を出す。確かに緯度が低いので、それらの星が見えるのである。話が弾むうち、ここではすべての1等星が見えることがわかった。改めて考えてみると、これはすごいことである。

そこで思いついたのが「1等星マラソン」である。すべての1等星が見えるならば、条件さえ整えば、一晩ですべての1等星が見えるかもしれない。これには前例がある。天文の世界では、春になると〝メシエ・マラソン〟なる、とてもマニアックなイベントが開催されるのである。一夜のうちにすべてのメシエ天体を次々と覗いていくものだ。メシエ天体は、もともとパリ天文台のメシエが編んだ非恒星状天体のカタログに掲載されている天体である。すばる（プレアデス星団：M45）や、オリオン座の大星雲（M42）、さらにはアンドロメダ大銀河（M31）など、有名な天体も多い。しかも、パリ天文台から見える天体ばかりなので、緯度がやや低い日本からは、原理的にはすべて見ることができる。ただ、それを一晩の内にすべて見る、などという無謀なことをよく考えたもんだと、なかば呆れていた。なにしろ、メシエ天体は100個を超えるので、観測可能な時間が10時間あったとしても、一個あたり、たった6分しか使えない。その間に天体を探して、望遠鏡に導入し、それを眺めて次に行くのである。とても常人技ではない。最近は、自動導入ができる望遠鏡もできてきたとはいえ、なんだか本当の〝マラソン〟並にせわしない。が、1等星なら全天で21個である。ゆったりと探せるし、特殊な技能もいらない。肉眼で容易に見えるからだ。

さっそく、居酒屋で持参のパソコンを開き、石垣島の夜空を再現させてみると、可能な時期がありそうである。条件が最もきついのが南天の1等星である。秋の1等星であるアケルナルが夕方に見えて、明け方に春の南十字とケンタウルス座アルファ、ベータ星が昇ってこなくてはならない。1月末までならば、夕方にはアケルナルは南南西にあって十分に見える。みなみ

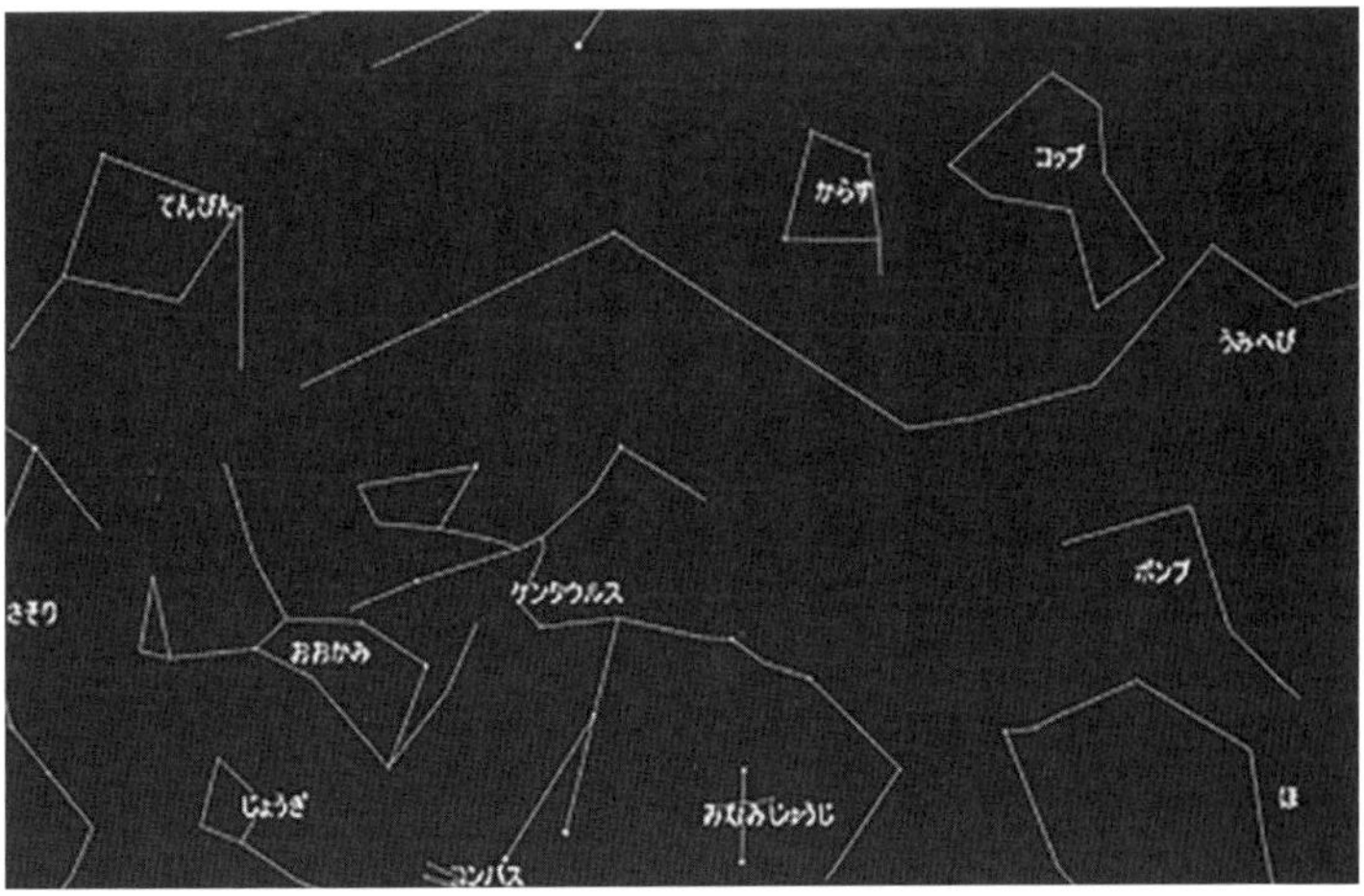

2010年5月1日午後11時、沖縄・石垣島の南十字星。東にはケンタウルス座のふたつの1等星が上ってきている（ステラナビゲータ/アストロアーツ）

のうお座のフォーマルハウトが、同じくらいの高さで西南西に見える。つまり秋の1等星は夕方には何とか見える。この時期、深夜には冬の1等星は問題なく見える。そして明け方には南十字が南中をすぎ、ケンタウルス座アルファ、ベータ星が南中となる。問題なのは夏の1等星だったが、これも問題はない。さそり座のアンタレスは夜明けには水平線上30度、夏の大三角のうち、最も昇るのが遅いアルタイルが10度になっている。すなわち、全部の1等星が一晩で見えるのである。

これは面白い新発見であった。少なくとも、その場で、これが可能であることを意識していた人はいなかった。メシエ・マラソンは、天体の光度が暗く、なかなか壁が厚いのだが、1等星なら一般の人でも見ることができる。メシエほどのバラエティには乏しいものの、その星にまつわる神話や、なにより色などの差に注目して、解説をしながらイベントとして企画できないだろうか。よし、これを石垣島の新しいツアーにしよう。そんな話で、宴会は大いに盛り上がったが、実際には、それほど簡単ではない。石垣島の天文ファンでも、南十字星全景を見るのはなかなか難しいという。それは、南十字の最も南にある1等星アクルックスの南中高度が3度弱しかないこともあるが、なによりも天候が問題である。石垣島では初夏から夏には高気圧に覆われることが多く、台風さえこなければ天気も観測条件もよいのだが、1月から3月の冬から春には、梅雨の時期のように天候がよくないのである。1等星マラソンを思いついてから、6年間は挑戦すれども、だめだったそうである。が、7年目の2010年1月15日、ついに八重山星の会の人たちが21個のすべての1等星を一晩で見ることに成功したという。発案者としては、いずれは、ぜひ石垣島にいって挑戦したいと思う。

ところで、南十字星は春なら見るチャンスがある。もし春休みや連休に沖縄に行く機会があるなら、是非探してみよう。おとめ座のスピカの真下を探すのがコツである。

（Vol.52/2010.3.19）

北極星

季節にかかわらず、いつでも同じように見える星と言えば、北極星である。いつでも北の空に輝いている北極星、真北を示す星として有名である。星座としては、こぐま座に属し、その中ではもっとも明るいアルファ星で、2等星として輝いている。

北極星は、名前の通り、天の北極、つまり地球の自転軸の方向にあるために、日周運動でも、ほとんど動いて見えない。そのため、日本では「一つ星」「心星」、あるいは昔の北の方角を表す十二支をつけて「子《ね》の星」などと呼ばれていた。また、中国からの名前で、もともと「北辰《ほくしん》」とも呼ばれていたが、時代を経るにつれて、「妙見《みょうけん》」を含めて、北斗七星と混同されつつ、信仰の対象ともされていた。

いつも見えるという割には、しみじみ眺めた事のない人の方が多いかも知れない。いつでも見えるから、逆にありがたみがないということもあるのだろう。有名な観光地がそばにあるのに、地元の人は案外、行ったことがないという感覚に近いのかも知れない。また、北極星のあたりは天の川から離れていることもあって、星の数も少なく、やや寂しいせいもある。目立った星雲や星団などの有名どころもないので、天文ファンでも目を向けることがあまりない。

そんな北極星だが、今宵はちょっとだけ注目してあげよう。北極星を探し出すにはいくつかの方法がある。良く用いられるのが、北の空の有名な星の配列を使う方法である。ちょうど夏から秋の季節だと、北東から昇ってくるカシオペヤ座を使う。W型に並んだ5つの星が秋の天の川の中で輝いている。まず、W型のそれぞれの端の2つの星を結んで伸ばし、交点を作る。その交点とW型の中心の星を結び、それを約5倍ほど伸ばすと、北極星にたどり着くはずである(「北の夜空に浮かぶ錨星」「星座の小径編」参照)。

もうひとつは北斗七星(「星座の小径編」参照)を使う方法である。冬から春頃だと、北東の空高く上がってきて、北極星にとっては最高の目印になる。北斗七星を見つけたら、その水をくむ柄杓の升の先端の2つの星を結び、約5倍ほど伸ばしてみると、そこにぽつんと北極星が光っている。

もうひとつは、西に傾きかけた夏の夜空のランドマーク、夏の大三角を使う方法だ。こと座のベガと、はくちょう座のデネブ、そして南に低いわし座のアルタイルの3つの星でつくる三角形である。このベガとデネブを底辺にして、この三角形をぱたっと反転させる。すると、アルタイルの位置に北極星がある。つまり、北極星はベガとデネブが作る線に対して、アルタイ

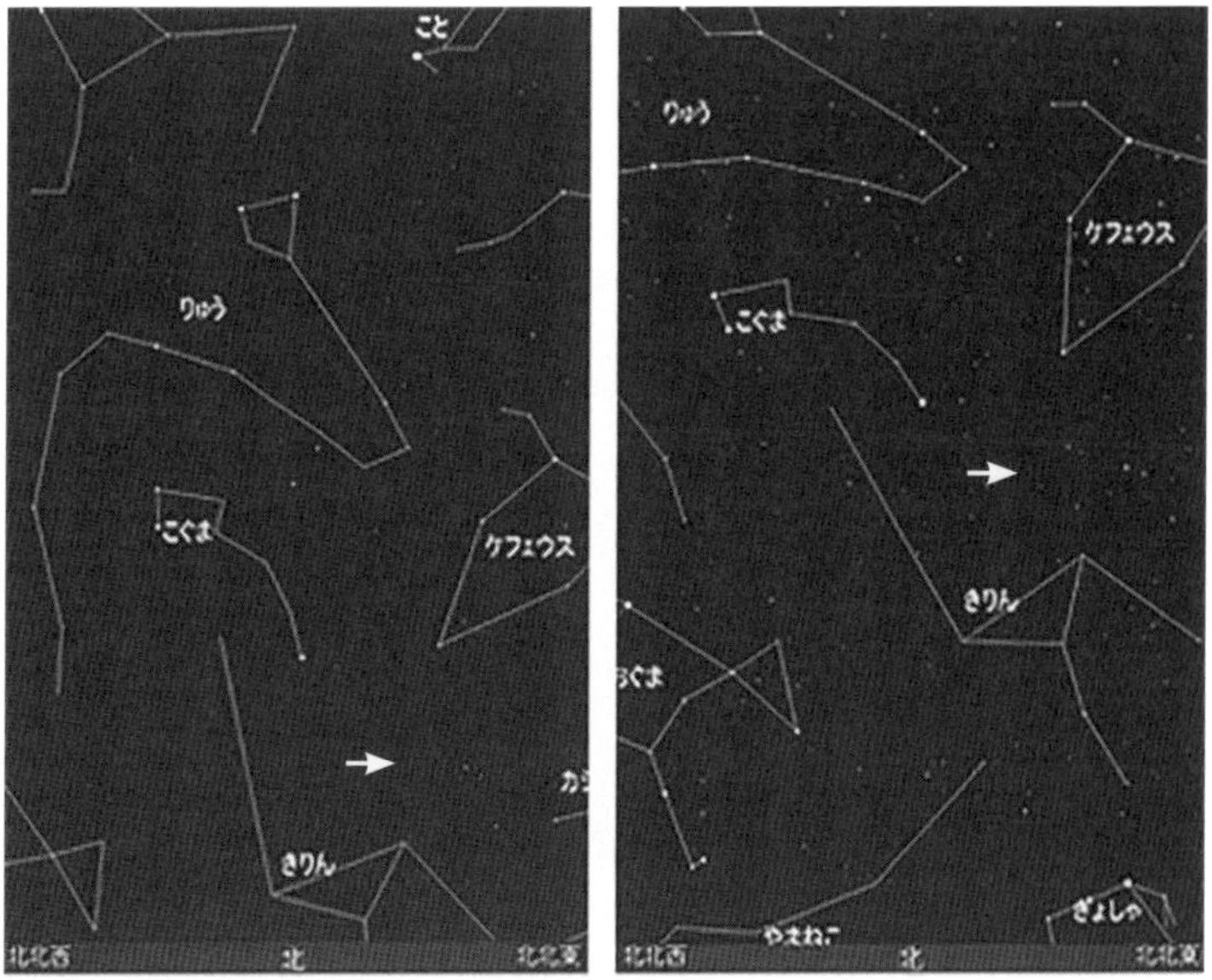

沖縄・石垣市（左）と北海道・稚内市（右）との北極星の高さの違い（9月1日午後8時）

ルと線対称の位置にあることになる。これら3つの方法を知っていれば、どんな季節でも、なんとか北極星を探し出せるだろう。

見つけられたら、その高さに注目しよう。その高さは、すなわちその場所の緯度に相当する。北海道では北極星は高く、沖縄などでは低く見える。以前、北海道に行く用事があり、高台にある宿のバルコニーから北の空に北極星が見えたのだが、そのあまりの高さに驚いたことがある。高さを自分で測ってみるのも面白いだろう。腕を伸ばして、握りこぶしを作ると、その長い方（親指と小指の並んだ向き）の見かけの大きさは、約10度の角度に相当する。北極星を見つけたら、地平線からどの程度高いかを目測し、自分のいる緯度と一致することを確かめてみよう。

ところで、北極星は、天の北極に近いものの、正確に一致しているわけではない。約1度ほど離れているので、一晩中見ていると、月4つ分ほどの直径の小さな円を描いていることがわかる。また、地球の自転軸が動いていく「歳差《さいさ》」という現象のため、北極星は天の北極にどんどん近づいている。2100年頃に最も近づくが、それ以後は離れていく。そのため、長い目で見れば、時代によって北極星というものは異なってくる。エジプトのピラミッドが建設された紀元前3000年頃には、りゅう座のアルファー星トゥバンが、またあと8000年ほどすると、はくちょう座のデネブが、1万2000年後には、こと座のベガ（織姫星）が、北極星になるのである。

（Vol.69 /2011.8.25）

太陽系外から飛来した小天体オウムアムア

２０１７年10月にハワイの天体望遠鏡が奇妙な天体を発見した。最初は彗星のような軌道を持っていたため、国際天文学連合では、彗星としての仮符号〝C/2017 U1〟をつけて発表した。ここまではごく普通であった。ところが、その軌道が正確に決まるにつれ、世界中の研究者に衝撃が走った。というのも、その軌道がきわめて異常で、どうやら太陽系外からやってきた可能性が強くなったからである。

太陽系の中の小天体はほとんどが楕円軌道、つまり太陽の周りをぐるぐるまわっている。周期性を持っているのである。一部の彗星は太陽から遠く離れた場所からやってくることもあり、放物線に近いのだが、それでももともとはきわめて細長い楕円軌道である。どちらも太陽の重力によって、その周りをまわっているわけである。ところが、この〝C/2017 U1〟は、明らかに双曲線軌道、つまり太陽系の外からやってきて、たまたま太陽に近づき、通り過ぎて去っていく、〝開いた〟軌道であった。これまで小惑星は数十万個、彗星は１万個に上る発見がある。

その中でも双曲線軌道を持つものは、惑星に近づいた結果だったり、観測誤差だったりというのがほとんどで、明確に〝開いた〟軌道を持つ天体が発見されたのは初めてだった。

軌道が確定すると、国際天文学連合は、太陽系外の天体であることを明示し、その一番目ということで「1I（いち・あい）」として〝1I/2017 U1〟としたのである。ハワイ大学等の研究者からなる発見者グループからの提案で、通称はオウムアムアとなった。オウムアムアは、ハワイ語に由来する言葉で、オウは「手を伸ばす、手を差し出す」、ムアは「最初の」という意味である。ムアムアと繰り返しているのは強調する場合の言い方という。いずれにしろ、オウムアムアには太陽系外から私たちのところにやってきたメッセンジャーという意味が込められている。

さっそく世界中の多くの望遠鏡がオウムアムアに向けられ、観測データが積み上がっていくと、さらに驚くべき事が判明した。その明るさの変化から推定した形状が、極端に細長かったのである。ラグビーボールのような形をした天体が自転している場合、地球から眺めると、細長く見えるときと、丸く見えるときとがある。細長く見えるときには断面積が広くなって、太陽の光を多く反射するので明るいのだが、丸く見えるときには断面積は小さくなり、太陽光反射が少なくなって暗く見える。その変光の周期と変光幅とを調べることで、自転周期と形がある程度推定できるのである。その推定値は自転周期は8時間ほど、形状は長さが400メー

太陽系外からやってきたと思われる小天体オウムアムアの想像図。極めて細長い葉巻型の異常な形をしているとされる（European Southern Observatory /M. Kornmesser）

トルほどだが、幅は40メートル程度しかないと思われたのである。きわめて細長かったのだ。実は、太陽系の小天体では、細長くてもその比率はせいぜい3：1どまりで、これだけ極端な例は見つかっていない。自然の天体としてはかなり奇妙なのである。

もしかしたら、宇宙人が建造した後、うち捨てられた人工建造物、例えば巨大な宇宙船ではないか、と噂されたほどだ。実は、このような細長い葉巻型の形状は、なるべく危険を避ける意味で、宇宙航行には最も適しているといわれている。進行方向に断面積を最小にすることで、宇宙空間の塵との衝突のリスクを少なくすることができるからである。しかし、8時間の周期でぐるぐる自転している点は、そのリスク低減とは矛盾している。宇宙船などではないか、あるいは宇宙船であったとしても制御されていないか、どちらかである。ブレークスルー・リッスンと呼ばれるプロジェクト（知的生命体の信号を捉えようとしているグループ）では、彼らの使える電波望遠鏡を駆使して、オウムアムアから何らかの信号が出ているかどうかの観測を行ったが残念ながら何も捉えられなかった。巨大な宇宙船説は、荒唐無稽かもしれないのだが、想像が膨らむのは確かである。

なお、その後の研究で、細長い形状ではなく円盤状ではないが、その主成分は窒素の氷で、例えば冥王星のような天体に他の天体が衝突し、飛び出した破片ではないか、などの説が提案されている。今後、同じような天体が見つかってくるのかもしれない。

（Vol.126/2017.12.20）

ブラックホールが見えた！

ブラックホール。どんなものでも飲み込んでしまう、モンスター天体だ。あまりにも重力が強いので、簡単にいえば光さえも出てこられないので、黒い穴：ブラックホールなのである。ただ、一口にブラックホールといっても、その重さ（＝大きさ）は様々だ。宇宙初期にはごくごく小さなブラックホールも理論的には存在したと思われていて、そういった小さなブラックホールは、あのホーキング博士によれば、飲み込むだけで無く、エネルギーを吐き出すことによって消滅してしまうことがあったかもしれない、という。現在は、そのような極小ブラックホールの存在は確認されていないが、太陽の何十倍もあるような恒星の生涯の終わりに生まれたようなブラックホールの存在は確認されている。こうしたものを恒星質量ブラックホールと呼ぶが、われわれの近くにある代表的なものが、はくちょう座X－1である。これは太陽の15倍程度の重さのブラックホールとされているが、その名前からわかるように強力なX線を放っている。

ブラックホールは何でも吸い込むはずなのに、どうしてX線が出ているかと疑問を持つ方もいるかもしれない。実は、ブラックホールが大量の物質を飲み込むときには、しばしば降着円盤というものをつくり、その中で物質が押し合いへしあいのおしくらまんじゅう状態になる。このとき物質は高温になって電波やX線を放つのだ。いってみれば、飲み込まれる前の〝悲鳴〟のようなものである。

さて、ブラックホールはものを飲み込み続けるとどんどん重く、大きくなる。そんな巨大なブラックホールが、銀河系の中心部にある。その質量は太陽の400万倍というから想像を絶する。銀河系よりも大きな銀河の中心には、さらに大きなブラックホールがある。かつて、われわれ国立天文台の研究者が暴いたのが、りょうけん座の銀河M106の中心にある巨大ブラックホールで、太陽の3600万倍というから凄まじい。このくらいの大きさになると、物質が飲み込まれていれば、逆に周りの物資が光っているために、ブラックホール本体がシルエットになって見えるかもしれない。ブラックホールから光が脱出できない球面をイベント・ホライズン（事象の地平線）と呼ぶ。いわばあの世とこの世を分け隔てる面である。巨大ブラックホールでは、ある程度の大きさになるため、周りには落ち込もうとする物質が高温で電波やX線で光っているので、巨大ブラックホールのイベントホライズンなら、それを背景に黒く浮かび上がるはずだ。

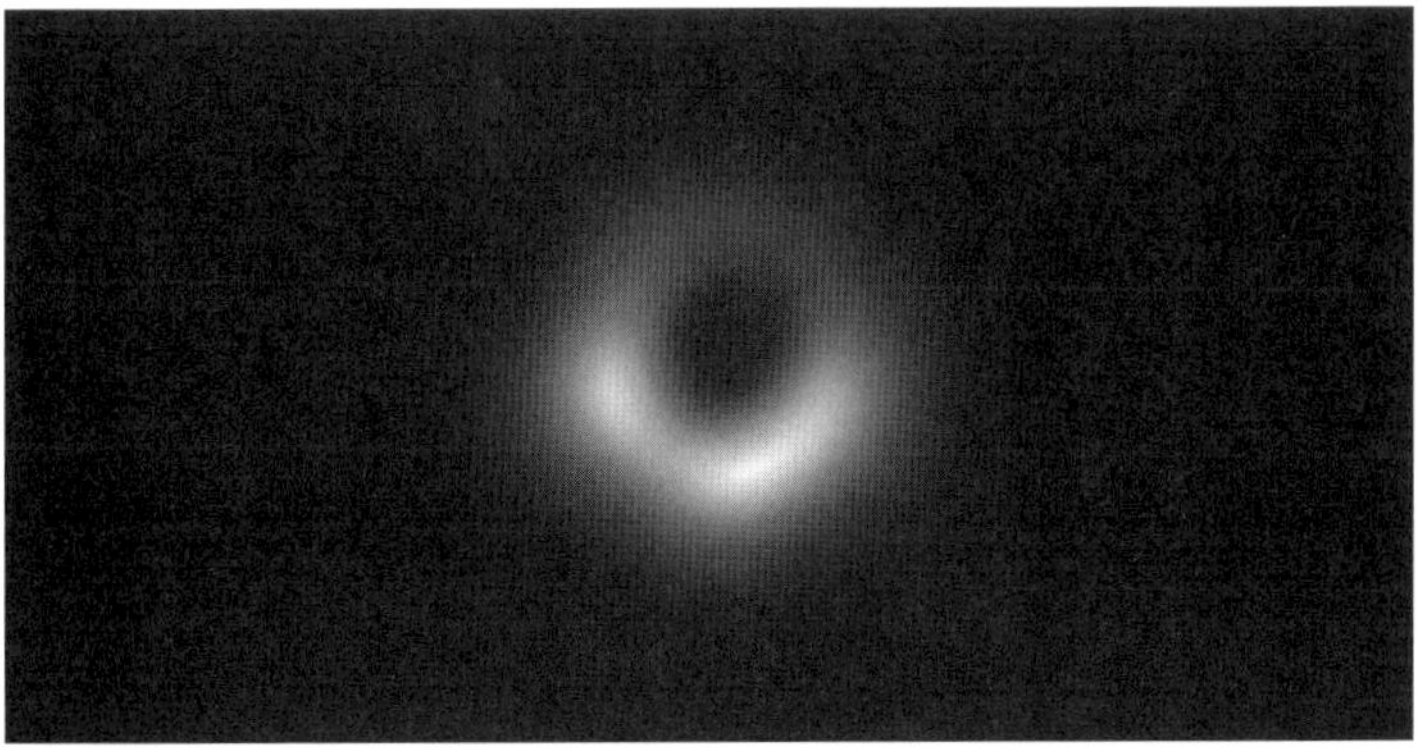

イベントホライズンテレスコープで観測した銀河M87の中心の巨大ブラックホールの影（EHT Collaboration、国立天文台）

ブラックホールを直接、見てみたい。そんな夢に挑んだプロジェクトがイベント・ホライズン・テレスコープ（EHT）プロジェクトである。国立天文台が欧米とともにチリで運用しているアルマ望遠鏡を中心に、アメリカ・ハワイ、アリゾナ、メキシコ、スペイン、そして南極など、世界各国の8つの電波望遠鏡を地球規模で組み合わせることで、空間分解能（天体構造を分離して識別できる最小角度〈天文学辞典〉）をあげて、月面に置いたゴルフボールが見えるほどの視力300万を達成し、初めてブラックホールの観測に挑んだのである。そして、その成果が2019年4月10日に発表された。見事に、おとめ座銀河団の中心にある巨大な楕円銀河M87の中心に存在するブラックホールがついに見えたのだ（画像）。その重さは、なんと太陽の65億倍だという。今後も、われわれの銀河系の中心にあるブラックホールが見えてくるかもしれない。* われわれ人類はついにブラックホールを直接観測する時代に入ったのである。

（Vol.142/2019. 4.18）

＊２０２２年にわれわれの銀河系中心のブラックホールの姿も公表された。

Ⅷ

探査機

星空を行く宇宙ステーションを眺める

日本人宇宙飛行士の多くが乗り込んだスペースシャトルなどで宇宙ステーションに向かい日本の実験棟「きぼう」での実験に従事してきた。

ちなみに私は、以前に土井隆雄宇宙飛行士を応援するために、フロリダのケネディ・スペースセンターに行き、打ち上げも見てきた。豪快な打ち上げシーンは、それはそれで感激するものだった。ところで、宇宙ステーションは日本に居ながらにして誰でも、直接見ることができることは、案外知られていない。宇宙ステーションはよく日本上空を通過しているからである。そして、その通過する時間帯が真夜中でなく、夕刻か明け方であれば、うまく太陽の光を反射して星空の中を動いていく、輝く宇宙ステーションを見ることができる。太陽電池パネルの角度がちょうどよいととても明るく光るのだ。あそこに、宇宙飛行士がのっているんだなぁ、と思うと、なんとなく不思議な気持ちであった。

星空を眺めていると、夕刻や明け方近くだと、しばしば通常の人工衛星でも、明るく光りながら、音もなくゆっくりと動いていくのを見ることがある。流れ星よりもずっとゆっくりなので、誰でも見ることができる。なかには点滅しながら、というのもあれば、ほとんど明るさを変えないものもある。人工衛星の形状や太陽電池パネルの大きさ、衛星そのもののスピンなどによって、見え方はいろいろである。明るいものは、なにしろ大きい衛星であることが多い。特に太陽電池パネルが大きなイリジウム（現在は運用終了）などの衛星携帯用の人工衛星は明るく輝く。きわめて明るく輝くため、一般の人からの目撃情報も多く寄せられ、イリジウム・フラッシュとも呼ばれていたほどだ。これらの人工衛星に比べても、国際宇宙ステーションは特別に大きい。なにしろ人類が宇宙で作り出した構造物でも最大のものである。場合によっては、天体望遠鏡で眺めると、その形がわかるほどだ。北海道陸別町にある銀河の森天文台などでは、はっきりと形を捉えている画像が公開されている。したがって、誰が見てもわかるほ

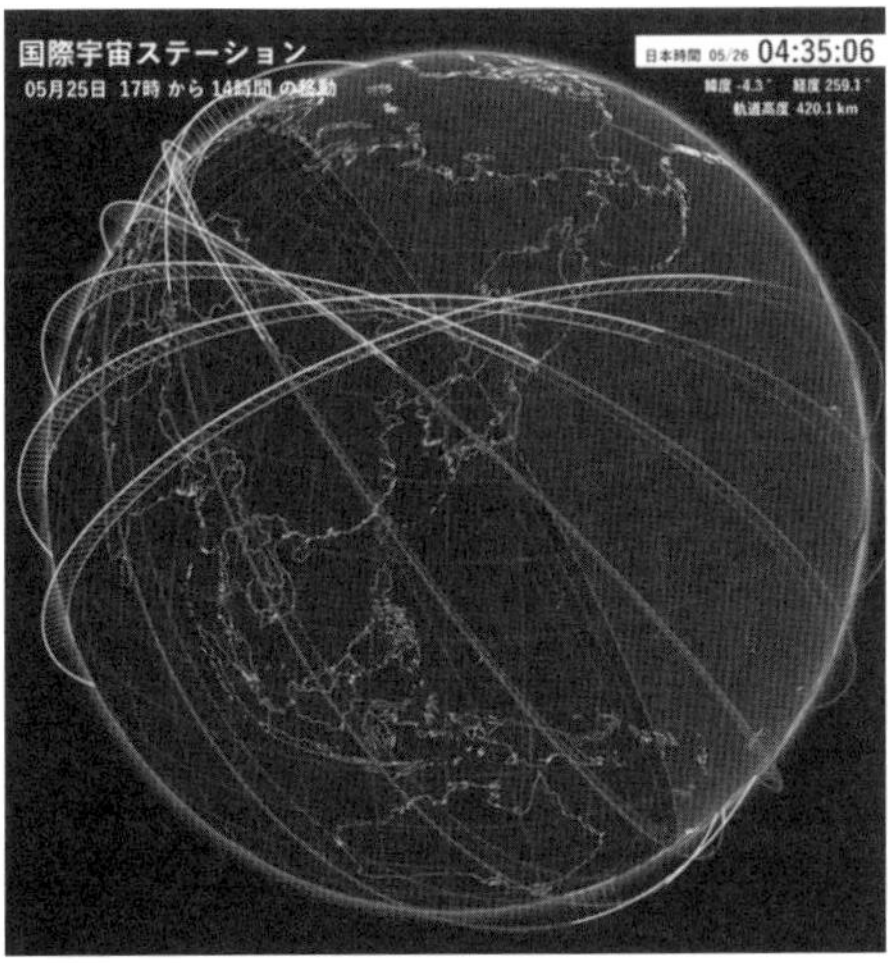

宇宙ステーションの軌道。倉敷科学センターのホームページ（https://kurakagaku.jp/tokusyu/iss）では、見え方の予報を掲載している（倉敷科学センター提供）

ど明るく輝くのは当然なのである。
宇宙ステーションが、いつ頃、どのあたりに見えるか、というのは時期によって全く違う。そのあたりは、ＪＡＸＡのホームページでチェックできる。ぜひ調べて、チャンスがあれば自分の目で眺めて見てみてほしい。自分の目で宇宙ステーションを追いかけながら、その活躍にエールを送りたいものである。

（Vol.31/2008.6）

カッシーニ探査機のグランドフィナーレ

１９９７年に打ち上げられ、２００４年から土星の周囲を周回して観測を続けてきた惑星探査機「カッシーニ」が、２０１７年いよいよ最終観測期間に入った。いわばグランドフィナーレである。カッシーニ探査機といえば、衛星エンケラドゥスの間欠泉の噴出を発見し、その成分から地下の海の存在を示したことが記憶に新しい。また、孫衛星ホイヘンスを切り離し、衛星タイタンへ着陸させたことも大きな成果として記憶されている。ホイヘンスのみならず、カッシーニ探査機本体によるレーダー観測などで、タイタンにはメタンやエタンなどの炭化水素系の物質が海や湖を作っており、それらが雨となって降っていることが明らかになった。いわば地球における水のように、炭化水素が大気中で循環していることをはじめて示したのである。さらに、土星本体でも、極地方に六角形の模様があって、その中心に、直径８０００キロメートルもあるような巨大な台風のごとき嵐が存在することを明らかにしてきた。

そのカッシーニ探査機、そろそろ役目を終えようとしていた。ＮＡＳＡは最後の約４ヶ月

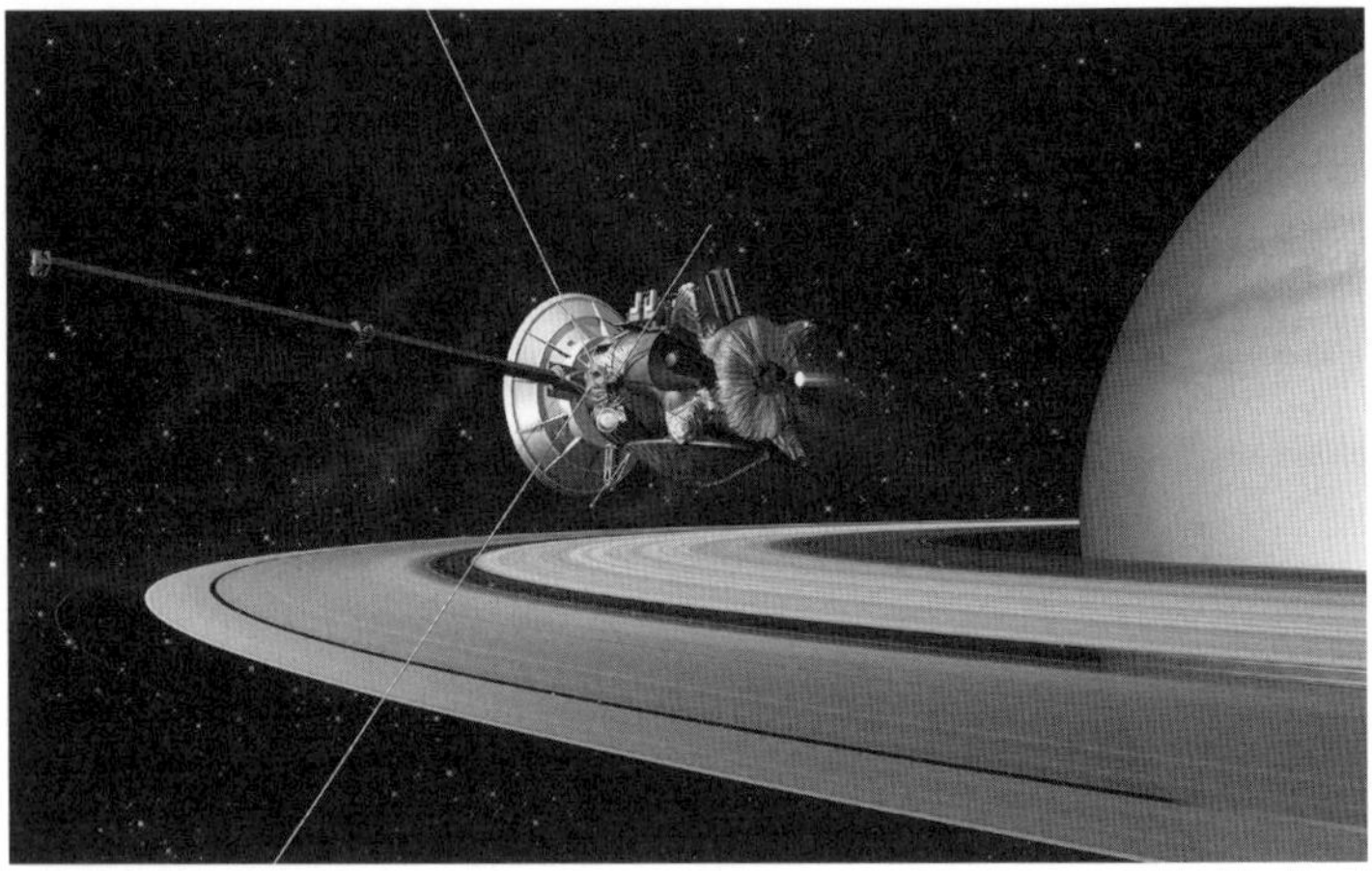
土星軌道に向かうカッシーニのイメージ（NASA/JPL）

ほどの間、それまでは安全のために行わなかった土星への超接近軌道に投入し、22回にわたって土星の環をくぐり抜けるような探査を行った。なにしろ、何百億円もかかった探査機だ。環をくぐるような危険な軌道をとって、環の粒子に衝突して破壊されては困る。そのため、これまではこうした軌道を避けて観測を行ってきた。グランドフィナーレを迎えて、観測チームは方針を変え、ある程度の危険を覚悟して、環の領域の直接探査とともに、土星本体へもこれまでにない接近を行い、その大気や磁場、そして重力分布についても至近距離からの観測を行う予定だった。

この危険な環くぐりの第1回目は、2017年4月26日に行われた。探査機は土星の雲頂から約3000キロメートルほど、観測可能な環の最も内端から約300キロメートル以内を通る予定で、世界中が注目したのだが、結果的には探査機は無事に通り抜けることができた。土星の環のモデルに寄れば、この領域に環の固体微粒子があるとしても、地上で言えば煙の粒子ほどの極めて小さいものであるはずだ。ただそれでも危険なことは変わりない。なにしろ探査機のスピードは秒速30キロメートルを超えている。微粒子でも、当たり所が悪ければ探査機の一部が破壊される可能性もあった。そのため、カッシーニ探査機は4メートルほどの大きさの通信用アンテナを進行方向へ向け、それをいわば「楯」として防護姿勢をとったのである。これが功を奏したのか、探査機の不具合は起きず、無事に通過したのである。この間に遭遇した微粒子は、わずか数個にとどまっており、かつてメインリングの外側を通過したときに比べても百分の一以下であった。

また、接近時に撮影された土星本体の画像も見事だった。土星の北極にある嵐の渦からはじまり、六角形模様を通り過ぎて南下していくにつれ、次第に本体に接近していき、最も近づいたときは雲頂からわずか6700キロメートルの距離にまで迫っている。いわば人類が初めて見る高分解能の土星の画像で、大小様々な大気の渦や乱流が捉えられている。

その後も環の通過が断続的に行われ、週に一度ほどのペースで接近・環くぐりを繰り返し、2017年の9月15日に土星大気へと突入してミッションを終了した。

（Vol.82/2014.4.14）

ドーン探査機が明らかにしたケレスの意外な素顔

2015年は惑星探査機のラッシュだった。7月にはNASAの探査機ニューホライズンズが冥王星に接近した。日本の探査機も、はやぶさ2は順調に飛行を続けていたし、金星探査機あかつきも、12月に金星への周回軌道投入の再チャレンジに成功した。そして小惑星ベスタの探査を終えた探査機ドーンが、3月には準惑星ケレスの周回軌道に乗り、次第に高度を調整しながらケレスの詳細な観測を開始した。

このドーン探査機の撮影したケレスの画像が、惑星科学の世界で大変話題になった。次第に接近し、表面の模様が見えはじめてから、不可解な発見が相次いだ。

なにしろ最もミステリアスなのが謎の光点である。ケレスに約40万キロメートルまで迫った1月頃に撮影したケレスの画像上に、周囲とは明らかに異なる明るい点が捉えられたのだ。地球・月程度の距離から捉えた連続画像では、ケレスの自転に伴って光点も動いているので、表面地形であることは間違いなかった。

周回軌道に投入される前の2月、さらに詳細な画像が公開された。そこには解像度が上がった強く光る点が、実はふたつの光点であることがわかった。強い光の傍に弱い光の点が隣り合っていたのである。また、光点はどちらもクレーターの内部にあることも明らかになった。ますます謎は深まり、露出した氷なのか、火山か何かの地質学的なものか、わからなかった。果ては、宇宙人の作った構造物では、などという突拍子もない説もささやかれた。

探査機ドーンが約1万3600km上空から撮影したケレス。謎の光点がいくつかの塊に分かれている様子がわかる（NASA/JPL-Caltech/UCLA/MPS/DLR/IDA）

ケレスの周回軌道へ投入された3月には、さらに解像度の高い画像が公開された。約9時間の自転周期をカバーする画像のアニメーションも作成された。これを見ると、その謎のふたつの光点以外にも、その輝きはそれほどでもないものの周囲とは明らかに異なる白い領域がいくつか存在することがわかってきた。

5月初めには、高度約1万3600キロメートルから撮影された画像をつないで作られたアニメーションも公開された。明るい謎の光点が次第に分解されつつあり、どうやら1キロメートル程度の小さな点が複数、集まっているように見えてきた（前頁画像）。太陽の光を反射して明るく輝いていることは確かで、その物質は氷という説が有力ではあったが、塩類ではないかとも思われ、依然として正体ははっきりわかったわけではない。いずれにしろ、このような光点は他の天体にはあまり見られないもので、想像だにしなかった発見といってよいだろう。

一方、ケレス表面のクレーターの大きさや形、重なり具合などにも奇妙な特徴があることがわかった。底が浅いのだ。月の画像と比べても、クレーターの縁の盛り上がり具合がそれほど急峻でないことがわかるだろう。さらには、大型のクレーターでよく目立つはずの、中央丘もほとんど目立たない。これも予想外のことである。

月には氷はほとんど存在しない。しかし、ケレスはちょうど水が氷になるような温度の場所で生まれた天体である。したがって、ケレスの内部には、相当量の氷が含まれている可能性がある。実際、その密度は1立方センチメートル辺り2グラムと、岩石だけでできた天体とは考えにくいほど小さい。したがって、岩石質の中心核の周りに相当量の氷が存在し、その表面はチリが薄く覆っているだけかもしれない。こういう構造の場合、クレーターを作るような天体衝突があると、その場所の氷は融けて、縁も沈み、当初は深かったであろうクレーターの底も浅くなってしまうはずである。

ドーンは次第に高度を下げ、高度約４０００キロメートルからの観測をはじめ、光点の構造や正体だけでなく、地表の様々な構造も詳細に明らかにされつつあった。ただ、その後、燃料切れのため11年間に及ぶミッションを終えている。

（Vol.95/2015.5.19）

エコな惑星探査機ジュノー、木星に到着

運が良ければ、夜空にひときわ落ち着いた輝きを放つ明るい星に出会うかもしれない。太陽系惑星の王者、木星である。マイナス2等で堂々と輝いている。

木星は土星に負けず、人気の天体である。比較的小さな天体望遠鏡で眺めても、木星の横には4つの月、ガリレオ衛星を簡単に見ることができるし、それらの位置も夜ごとに変わっているのがわかる。ちょっと大きめの天体望遠鏡なら、木星本体の表面を東西に走る明暗の縞模様や、赤い目玉のような模様である大赤斑を見ることができるはずだ。木星は自転周期が10時間弱と、図体の割には早いので、眺めている内に模様が移り変わっていくのがわかる。

われわれ人類は、そんな木星を間近に見続けられている。2016年7月5日（アメリカ時間では7月4日の独立記念日）に、NASAの惑星探査機ジュノーが木星に到着した。2011年8月に打ち上げられたジュノーは、逆噴射エンジンを35分間噴いて、木星周回軌道に乗るのに成功した。直後は周期53・5日の長楕円軌道だが、その後に軌道修正を行い、周

ジュノー探査機と木星のイメージ（NASA/JPL-Caltech）

期14日の科学観測軌道に移り、数カ月をかけて、慎重に観測装置などの試験を行った上で、その秋から本格的な観測に入った。運用は2018年2月までの予定を大きく超えて続けられているのである。

ジュノーは、木星の起源と進化を探ることを目的に打ち上げられた探査機で、9つの科学観測機器を搭載している。木星内部の巨大な中心核（コア）の確認、木星を取り巻く強力な磁場の観測、オーロラや大気成分の計測が行われる。特に、大気成分の測定では水の謎に挑む。大気中には水が存在するといわれているが、実際、どのくらいの量が存在するかがわかれば、木星そのものが太陽系の初期にどのように生まれたかを探る重要な手がかりになると同時に、

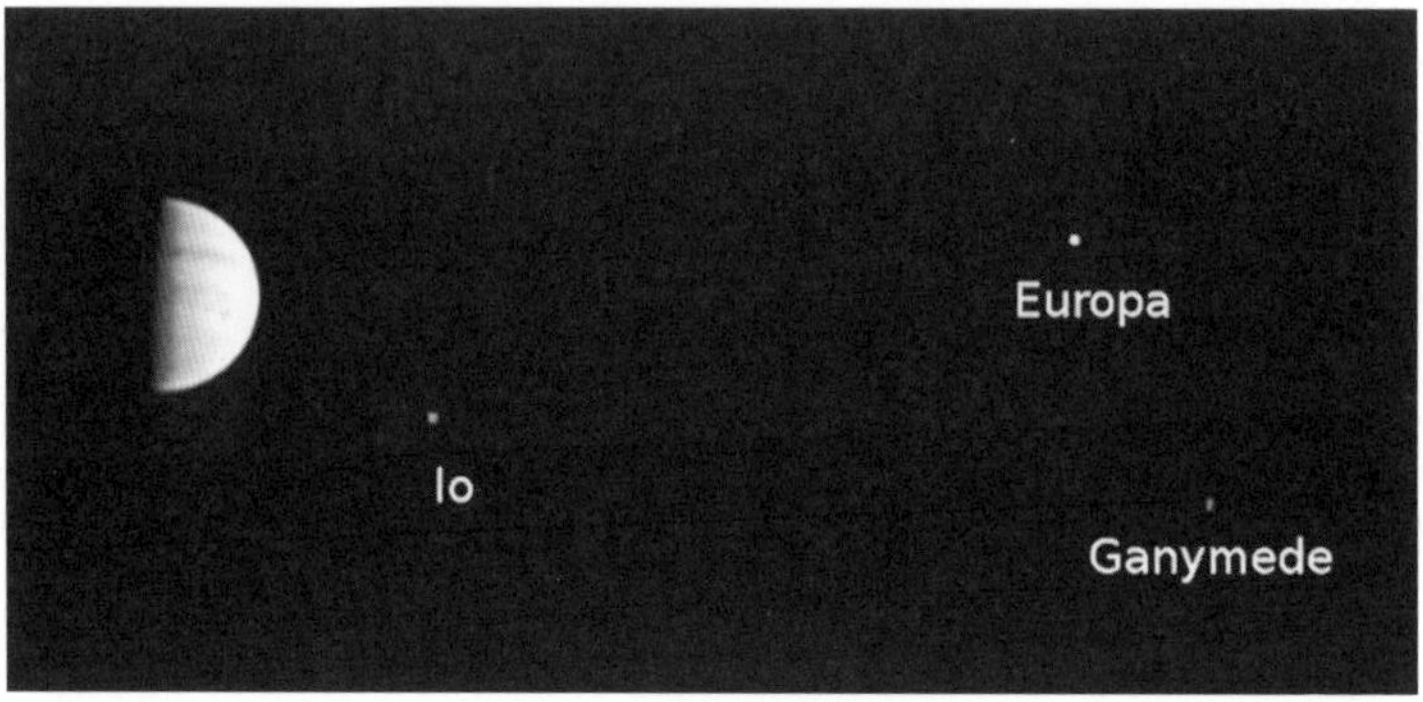

ジュノーカムが撮影した初画像。3つの衛星(イオ・エウロパ・ガニメデ)も捉えている(NASA/JPL-Caltech/SwRI/MSSS)

地球の水の起源にもヒントを与えるかもしれない、と期待されている。

搭載機器でユニークなのは「ジュノーカム」である。これまでにない高画質で木星の姿を映し出してくれるカメラと期待が高いが、それだけでなく一部の観測時間を一般枠として設定し、撮影観測対象を一般の人から募るという、惑星探査機では初の試みを行った。このカメラは木星の強い放射線などにより、数ヶ月で壊れる可能性が高いのはいささか残念だったが、予想に反して2023年現在も動いており、探査そのものも2025年まで延長されている。

これまで木星に近づいた探査機では、1970年代のパイオニアやボイジャーが有名だが、いずれも通り過ぎただけだった。それでも木星のダイナミックな大気の動きをクローズアップしてくれた。木星を周回したのは1990年代のガリレオ探査機のみで、その意味ではジュノーは四半世紀ぶりの木星探査機となる。その分、期待も大きく、続々と木星に関する新しい知見が得られつつある。

ところで、このジュノーは今までの探査機と異なり、かなりエコである。木星よりも外側に向かった探査機は、すべて電源としては原子力電池を搭載している。太陽から遠いために、これまでは太陽電池では必要な電力を確保できなかったからだ。しかし、ジュノーは長さ20メートルにも及ぶ長い太陽電池パネルを搭載し、動力源を確保する木星以遠では初の探査機なのである。

ちなみにジュノーとは、最高神ジュピターの妻の名前である。探査機にはフィギュア3体（ジュピター、ジュノーそしてガリレオ）が収められていること、そして独立記念日に到着させたことなどは、いかにもアメリカの探査機らしい。

（Vol.109/2016.7.14）

木星探査機ジュノー、木星の極を捉える

木星を周回しているアメリカの探査機ジュノーが続々と成果を出している。ジュノーは、2016年の7月5日（アメリカ時間で7月4日の独立記念日）に木星に到着後、エンジンの逆噴射に成功し、木星の周囲を回る軌道に乗った。その後、軌道修正を行いつつ、試験観測を経て、本格的な観測を行っている。なかでも「ジュノーカム」の活躍がすごい。なにしろ、カメラの性能が向上していることに加え、これまでにない木星本体への接近によって、その大気の様子を高い画質で捉えているからだ。

木星は太陽系で最大の惑星で、表面は厚いガスに覆われている。大部分は水素やヘリウムだが、水やアンモニア、メタンなどといった微量成分がわずかに含まれている。天体望遠鏡で眺めると、表面には縞模様が見えるが、これは大気の上空を覆う雲が東西方向に流されて織りなす模様である。なにしろ、地球の300倍もある巨大な木星が、地球の半分以下、わずか10時間弱でぐるぐる自転している。その大気も秒速100メートルを超える猛スピードで東西

木星探査機ジュノーが2017年2月上旬に、高度1万4500kmから撮影した木星の南半球表面のクローズアップ。渦を中心にした複雑な雲の様子がわかる（NASA/JPL-Caltech/SwRI/MSSS/Roman Tkachenko）

方向に流されて、緯度に沿って雲の帯をつくっている。また緯度ごとに上昇流と下降流の領域があって、アンモニアやメタンなどの微量成分が雲になったり、消えたりしているために、帯状の濃淡模様に見える。明るい部分は帯、暗い部分を縞と呼ぶ。特に赤道を挟んで、南北に太く濃い縞模様が目立っていて、これらを北赤道縞および南赤道縞と呼んでいる。南赤道縞には、大赤斑が埋まっている。

しかし、ジュノーが撮影した画像を見ると、それほど単純ではないことがわかる。帯の中では雲が複雑に動き、大小様々の乱流が発生している。ジュノーが２０１７年２月上旬に木星の南半球に接近して撮影した画像を見ると、その複雑さに驚くだろう。台風のような渦の周りに乱流が複雑に発生している様子が捉えられている。まるで抽象画のような、こうした模様は、木星のあちこちで発生しているようだ。

　特に驚きだったのは北極や南極の大気の様子である。実は、これまでの探査機は、すべて木星の赤道部を中心に観測していて、極地方の様子は細かくは見えていなかったが、そこをジュ

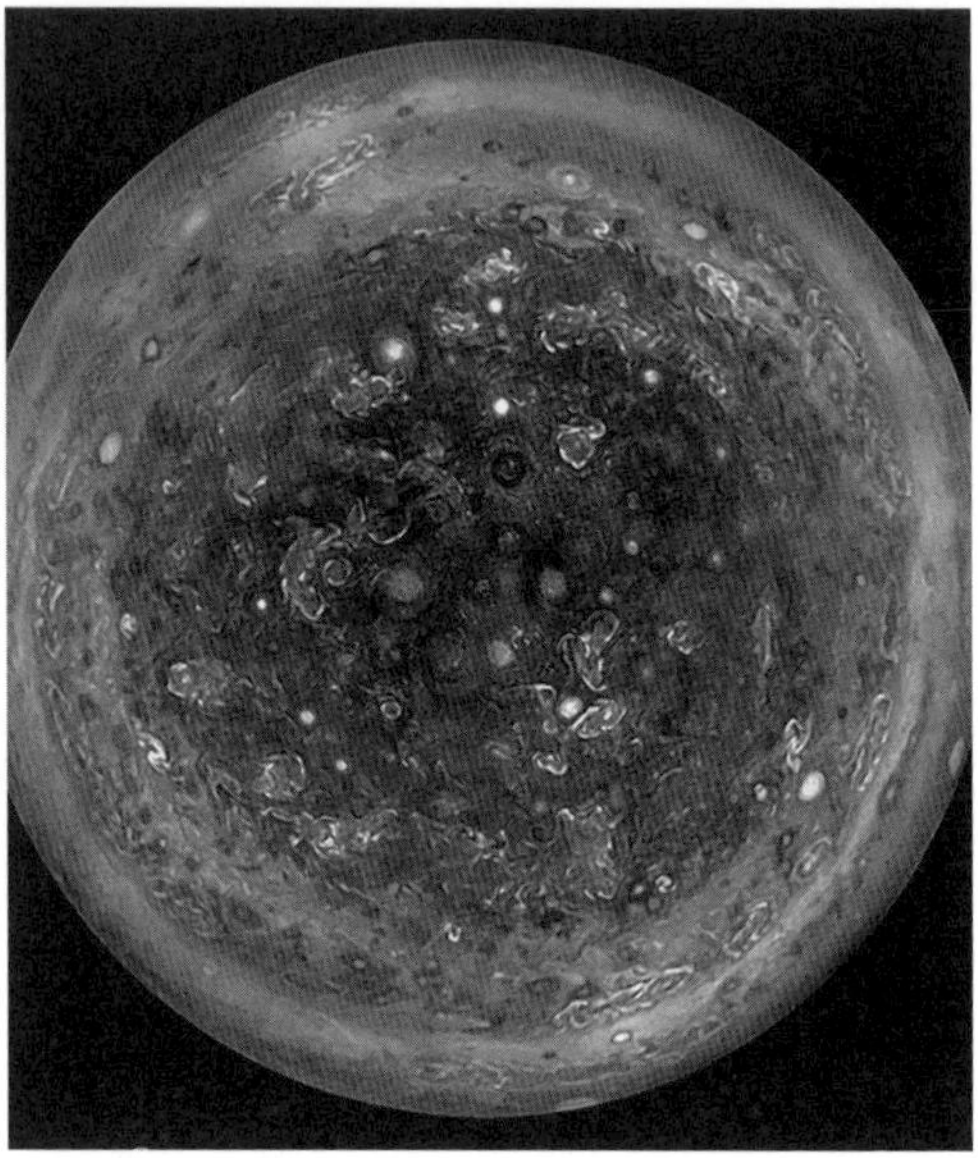

木星探査機ジュノーが上空3万2000kmから捉えた木星の南極の姿。直径1000kmにも及ぶ台風のような渦がたくさん見える（NASA/JPL-Caltech/SwRI/MSSS/Betsy Asher Hall/Gervasio Robles）

ノーが詳細に捉えることに成功した。ここにジュノーの意義のひとつがあるだろう。実は、ジュノーは木星の周囲を衛星と同じように赤道平面に沿って周回しているのではない。北極と南極の上空を通過する、いわゆる「極軌道《きょくきどう》」を周回しているのである。これによって、木星の大気だけでなく緯度ごとの磁場の強度や向き、重力の強さなどを測定して、木星の内部構造に迫っている。さて、何が驚きだったかというと、画像を見てもらえば一目瞭然なのだが、中緯度以下に見られる緯度ごとの平行な帯縞模様が極地域ではなくなり、直径1000キロメートルに及ぶ台風のような渦がかなり乱雑に存在しているのだ。これは木星と似た惑星である、土星とは全く異なっている。土星の極には中心に大きな渦があり、周りに六角形模様を描く気流があって、どちらかといえば整然としている。ところが、木星はそうした整然とした様子は全く見られず、非常にカオス的なのである。同じような構造を持つ惑星で、一体何が違うのか、その謎解きは今後である。ジュノーは想定された耐用年数を超えて運用されており、これからもいろいろな画像が届けられるだろう。

（Vol.120/2017.6.22）

おわりに

読者の皆さんは宇宙とどのように接してきているだろうか。なんだか、宇宙というと遠い世界と思われがちだ。普段から宇宙と接するなど、そんなの無理だよ、と思う人もいるかもしれない。しかし、まったくそんなことはない。宇宙こそ、実は身近なのである。ただただ見上げれば良いからだ。

その時々の天文現象のニュースに接して、夜空を見上げるもよいし、なんだか今日は晴れているなぁといって帰宅途中で立ち止まって見上げるのもよいだろう。ともかく気が向いたら、その時、その場で見上げることが、簡単な宇宙とのひとつの接し方なのである。本書でも紹介したように、見上げればそこには季節毎の星座たち、毎日形を変えていく月、そして明るい惑星などが輝いている。どんなに都会であっても、晴れてさえいればそこには天体が輝いている。そう、見上げれば、そこは宇宙なのだ。私は、以前から多くの人が星空に、そして宇宙に気軽に接することを「星空浴」と呼んで推奨している。

宇宙にはもちろん、天体望遠鏡でないと見えない天体や時期を逃すと観察できないような天文現象もある。そのような機会に恵まれなくても、本書に取り上げたような内容を少しでも知っておいて頂ければ、最新の宇宙の姿を垣間見る楽しさを味わえるだけでなく、今夜見上げる夜空が少し違って見えるのではないかと思う。そんな魅力溢れる宇宙に、これからも親しく接して頂ければ幸いである。

最後に、本書の元になった「星空の散歩道」の連載を続けさせて頂いた三菱電機、そして「DSPACE」制作のアイプラネットの皆様、単行本化して下さった教育評論社の小山香里氏に深く感謝したい。

自然科学研究機構国立天文台上席教授

渡部潤一

＊この書籍は三菱電機サイエンスサイト「DSPACE」に、２００５年から２０２０年に連載された「星空の散歩道」から抜粋し、加筆修正した上で掲載しています。

＊〈三菱電機サイエンスサイト「DSPACE」〉
https://www.mitsubishielectric.co.jp/me/dspace/

【著者】
渡部 潤一（わたなべ・じゅんいち）
1960年、福島県生まれ。東京大学理学部天文学科卒業、同大学院理学系研究科天文学専門課程博士課程中退後、東京大学東京天文台を経て、国立天文台天文情報センター長、同副台長などを経て、現在、国立天文台上席教授。総合研究大学院大学教授。専門は太陽系小天体の観測的研究。2006年、国際天文学連合「惑星定義委員会」の委員となり、太陽系の惑星から冥王星の除外を決定した最終メンバーの一人。
著書に『古代文明と星空の謎』（ちくまプリマー新書）、『第二の地球が見つかる日』『最新 惑星入門』（朝日新書）、『面白いほど宇宙がわかる15の言の葉』（小学館101新書）など多数。監修に『眠れなくなるほど面白い　図解宇宙の話』（日本文芸社）などがある。

星空の散歩道　惑星の小径編

2023年6月30日 初版第1刷発行

編著者　渡部潤一
発行者　阿部黄瀬
発行所　株式会社 教育評論社
〒103-0027
東京都中央区日本橋3-9-1 日本橋三丁目スクエア
Tel. 03-3241-3485
Fax. 03-3241-3486
https://www.kyohyo.co.jp
印刷製本　株式会社シナノパブリッシングプレス

ISBN 978-4-86624-083-1